Peatix Japan
共同創辦人／CMO
藤田祐司

活動社群
加速器導師
河原梓

商業社群建構教科書

線下活動　粉絲互動　虛擬講堂

日本社群行銷達人
濃縮數百例策劃專案
\ 成功心法不藏私大公開 /

前言

「能了解人際交流與社群的意義，並發揮其力量者，方能掌控事業、豐足社會。」

這是我——藤田祐司自二〇一一年，和夥伴共同創立活動社群平台服務「Peatix」以來，始終十分重視的至理名言。

我創業至今已有九年多，事業穩建發展，但期間所遭遇的嚴竣狀況，可不是只有一、兩次這麼簡單。每當我面臨危機時，都會想起這句話，激勵自己和各位事業夥伴。

如今，我比以往任何時刻都更深切體會到這句話的分量。

新型冠狀病毒瞬間席捲了全世界，顛覆了我們的生活。許多都市宣布封城，企業活動停擺，人類正經歷著前所未有的經濟衰退。

日本也不例外，不只是餐飲業和觀光業，還有支撐日本經濟命脈的製造業等等，眾多產業都遭受沉重的打擊。

二〇二〇年四月、我正在寫這本書的時刻，日本也發布了第一次緊急事態宣言，大多數日本人都已經有了與新冠肺炎長期抗戰的心理準備。

我們的公司當然也沒能倖免於這場威脅。

Peatix自創業以來，都非常注重「支援社群經營者，打造更有魅力的社群環境」這分價值觀。我從二〇一一年開始提供服務，從招攬觀眾到帳務等各方面，支援社群、活動主辦者與企業的負責人，Peatix經手的活動數量因此迅速增加。

透過Peatix參加活動的觀眾，每月平均有二十萬人以上，是日本最大型的活動平台。現在網站上隨時都刊登了超過七千件活動資訊，這個數字其實在這八年來，增長了兩百倍以上。Peatix會員人數也達到四百五十萬人以上，現在以新加坡、馬來西亞等亞洲國家為中心，在二十七個國家拓展事業。

然而，隨著新冠肺炎疫情擴散，民眾很難再從事實際上的群聚活動。

二〇二〇年三月，日本國內已預定日程的活動幾乎都延期或停辦了。而Peatix的三月活動公告數量，頓時減少到只有過去的一半。

要是這樣下去，活動產業，甚至連我們這個業界都要徹底完蛋了嗎？

當初大家也曾經如此悲觀過。但實際情況完全不一樣，反而因為置身於這種狀況，

Peatix最重視、長久培育至今的價值觀，才能開始發揮它真正的價值。

關鍵就在開頭提到的「社群」力量。

從今以後，社群必不可缺

Peatix多年來不僅提供活動曝光的平台，同時也相當重視與使用我們服務的企業、團體活動負責人之間的連結。

比方說，我們會定期召集企劃活動的負責人，舉辦讀書會，或是安排交流的場合，建立起使用Peatix的粉絲社群。

結果，Peatix的社群當中，竟有許多在我們面臨困境時伸出援手的同伴。而這一次，這些同伴也出手拯救了我們嚴竣的局面。

許多活用Peatix的活動負責人，在確定很難舉辦實體的群聚活動以後，便一鼓作氣將所有企畫都改成線上活動，運用網路會議工具建構了新的交流場所。

雖然剛開始的網路環境、語音、畫質都很差，失誤連連，但這些活動負責人藉由在社群內共享資訊，得以快速改善線上活動的品質。「如何讓線上活動順利進行」、「如何炒熱線上活動的氣氛」……大家在社群裡各自分享自己的技巧，一起互助學習。

到了四月，線上活動大幅增加，占了Peatix活動總數的九成以上。許多人一如既往，活用我們的平台來招攬活動觀眾。

社群的真正價值，在面臨困境時才會發揮出來。

並不是只有我一個人有這樣的體會。

因民眾避免外出而飽受衝擊的餐飲業者當中，也有熟悉的常客（社群的成員）團結起來、動身支援業者。

因為身處困境，才需要互相扶持。長久以來孜孜不倦持續建構社群的企業，如今都能得到這些社群的幫助。

那麼，該怎麼建構這種社群呢？

這就是本書的主軸了。

在商業領域中日益重要的社群

這幾年來，商業的社群建構風潮明顯大幅升溫。不論是企業取向還是消費者取向，愈來愈多企業為了增加與顧客溝通交流的機會、加強彼此的連結，而開始建構社群。增加自家產品或服務的粉絲，提供超越價格或產品功能的附加價值——愈來愈多企業公司為了培養出這種社群連結，近年來都會在辦公室的一角設置名為「共用工作空間」或「共創空間」的「社群交流場所」。

但是，就在大家熱衷於建構社群之際，實際在現場工作的我們，也開始收到諮詢。也有不少商務人士，在某一天劈頭就被主管要求「建立社群」，因而感到不知所措。「該怎麼建立社群？」「活動成功有什麼訣竅？」「如何炒熱社群的氣氛？」……。

我想要幫助大家解決所有與社群有關的煩惱。

當我認識本書的共同作者河原梓先生以後，這個念頭就變得更加強烈了。

河原先生是從二〇〇八年起，開始任職於活動展演型餐廳「東京CULTURE CULTURE」，以社群活動加速器導師的身分，企劃了多場活動。他到目前為止經手的活動有三百五十場以上，而且從二〇一三年起、大約三年的時間，都旅居在美國舊金山，所以也十分精通日本以外的海外社群活動。

最近，他還與飲料製造商伊藤園和三得利、文具製造商KOKUYO、電子器材製造商歐姆龍、東急等多家企業合作企畫活動。

我是從二〇一六年才開始和他一起從事社群建構的工作。我們一起經手了東京澀谷二十五位影響力人物齊聚登台的「Community Collection」及其他各種活動，一起共同經營社群，彼此意氣相投。

我們在談論未來社群的走向時，都認為有必要讓更多人投入經營社群才行。因此，那就需要一本可以淺顯易懂說明商務社群建構方法的教科書。為了讓每個人都有能力建構社群，本書涵蓋了我們兩人至今多達數百次的活動與社群建構經驗中，所累積下來的技術。

第一章內，會說明建立社群的三個步驟。

第二章內，是依照時間順序，彙整出在社群裡舉辦活動時，具體的企劃方式、集客和舉辦的方法等等。

第三章內，網羅了所有在活動當日炒熱氣氛的方法。除了面對面的實體活動以外，也會另外介紹因新冠肺炎蔓延而快速增加的線上活動技巧。

第四章內，整理了能夠延續社群活動的方法。經營社群可能會面臨許多危機，比方說如何避免老套、因應天災等意外狀況等等。另外也會談到為了配合公司而無法繼續經營社群時，該如何結束社群。

第五章內，會解說大多數商務人士在社群經營上，都會面臨的效果測試問題。例如如何設定社群活動的「ＫＰＩ（關鍵績效指標）」、測試活動對事業的貢獻。一般而言，社群經營「很費工夫，卻又難以將成果數據化」。所以本章彙整了我們對於相關解決方案的各種看法。

第六章內，說明了負責經營社群的「社群經理」工作內容。另外也會提及這項職務的定義和要求的技能。

第七章內，則是解說了社群建構所講求的價值觀。今後的時代會有很高的不確定性，商務人士必備的心理建設，可以在經營社群的過程中培養而成。這種能夠展現願景、吸引人群、創造巨大風潮的的思考方法，我們稱之為「社群思維」。

在這個人際交流比以往更加重要的時代，所有商務人士都不可或缺的心態，就是「社群思維」。

本書預設的對象讀者如下。

- **在企業公司中負責社群建構、活動營運、資訊發布等業務的人**
- **需要與消費者建立關係的行銷或品牌管理負責人**
- **負責建立社群以連結所有客戶的業務人員**

- **新創事業的開發者**
- **在地方行政機關負責活化地區、企劃活動、振興鄉鎮、招攬企業進駐的人**
- **在日常生活中從事同學會（alumni）、家長教師協會（PTA）等社群營運的人**

第一次建構社群的人，可以先從第一章讀到第四章。

本書的編排設計，讓初學者只要按部就班閱讀，就能從零開始建立並經營社群、舉辦包含線上活動在內的各種活動。

不過我要事先聲明，社群的建構和經營方法並沒有正確答案，本書介紹的僅僅只是我們摸索、編寫出來的一種方法論而已。

最重要的，還是親自嘗試並修正錯誤。

然後，在建立社群的經驗中，與一同建構社群的夥伴共同分享資訊。

在這個人際交流最有價值的時代

新冠病毒擴散，徹底改變了社群的型態。

我們的日常生活頓時改變，人與人的交流受到限制，活動量大幅驟減。每天關在家裡的生活，讓我們重新體會到與他人交流的重要性。

人與人的交流，就是人類的生存本質。

所以在面臨危機之際，我們才能深深體會到社群的重要。

現在，大多數活動都轉移到網路上舉辦。雖然我的看法有點違背主流，不過我在這種現象中發現的，反而是人們對於實際與某個人見面的強烈熱情。

我們透過螢幕在網路上溝通交流，久而久之，就會想直接與對方見面，不只是視覺和聽覺，而是全身上下都希望感受到他人的存在。

新冠肺炎的危機，使社群的型態日益進化。

但是，加強人際連結、豐富群體的社群本質，並沒有因此改變。

我們希望可以讓更多人理解這分價值，成為能夠實際建立並經營社群的社群經理。

我們相信，這就是在混沌時代求生的關鍵。

我們最大的希望，就是本書能夠幫助商業和社會大眾更加樂觀進取。

那麼，我們就開始吧！

二〇二〇年初夏

藤田祐司

共同著者

Pea醬

藤田祐司
Peatix共同創辦人
兼CMO

插圖也是
我畫的喔！

河原梓
社群加速器導師

目錄

3 帶起活動熱度的方法

- 打造可自在發言的環境
- 近期竄起的線上活動
- 轉播現場，線上免費共享
- 線上活動的舉辦流程
- 線上活動的型態
- 善用各種影音播放平台
- 線上活動的重點事項
- 如何讓觀眾與登台嘉賓互動
- 帶動觀眾，營造參與感
- 蒐集觀眾提問的三個訣竅
- 舉辦一場線上聯歡會
- 持續創造關注，留住觀眾

6 社群經理的職務與必備能力

- 測試滿意度的「②參與數KPI」
- 測試夥伴人數的「③影響力KPI」
- 說服高層最有效的「④合作KPI」
- 用數據提高成效的「⑤營業KPI」
- 四種活動，維繫社群生命力
- 同儕支持與否，才是成功的關鍵
- 社群營運必備的三項投資
- 展現願景，凝聚社群向心力
- 培養社群的文化
- 發揮引導力，促進成員行動力
- 重視心理安全，扎實培養信賴關係
- 四種情感力，連結社群你我他
- 成為一名像自己的社群經理

1

成立
商業社群

社群必備的兩大元素

社群是什麼呢？

你能夠解釋社群這個概念嗎？

「一群人聚在一起」、「交流的地方」、「參加者都關心同一件事」……如果你想到的答案是這些，代表你擁有一定程度的概念。

鄉鎮集會、各種嗜好的社團活動、音樂藝人的粉絲俱樂部等社群，必定都具備了人群聚集的元素，但並不是只要聚集人群，就可以稱之為社群。

比方說，公司內部會議、股東大會、知名歌星的演唱會、觀看運動賽事，這些都有人群聚集，但應該大多數人都不認為這就是社群吧。

那麼，社群究竟是什麼呢？

本書對社群的定義，除了人群聚集以外，還具備了以下元素：

・每一位參加者都很清楚自己參加的目的，會主動與活動建立關聯。

・參加者之間可以對等交流。

簡單來說，箇中差別就在加入群體的人的意識。

重點在於不是被動加入，而是自己主動參與集會、具備貢獻群體的意識。

從這個角度來看，觀賞歌星的演唱會或體育賽事的觀眾，都是「單純觀賞」的單向關係，是以被動的立場享受活動內容，所以

被動且單向的關係

主動且對等的關係

不能稱作社群。共同關心某件事的人們聚在一起辦讀書研討會之類的活動，以及講師單方面向來賓滔滔不絕的講座，也都很難稱得上是社群。

本書所定義的社群，是指每一位參加者**都會主動投入活動，且基於各自的目的，進而構成的「場面」**。

參加者會展現自己的想法或點子、互相刺激，迸發出更多新的創意——這是社群必備的條件。

而經營社群的「社群經理」，職務內容就是透過活動和網路上的溝通交流，多方面建構出社群的場面。

本書介紹的是各種類型的社群當中，由企業主辦的「商業社群」。如字面所示，它就是企業以活化經濟活動為目的而建立的社群。本書提到的「社群」，除非是特別註明，否則都是指商業的社群。其他類型的社群，則是會另外補充說明。

建立商業社群，就是企業透過與參加者交流，讓參加者對自家產品或服務產生感情，漸漸提高產品服務的吸引力。這樣可以為自家產品或服務建立一群粉絲，是非常值得投資的一種經營方法。

社群需要「參加者主動建立關聯」，這是非常重要的思維，請各位一定要牢記在心。

接著，我們就來說明社群建立的實務作法吧。

三個步驟建立社群

首先，我們從整體風貌開始說明。
商業社群的建立，大致有三個步驟。

①決定方向（願景或目標）
②擬定具體的企畫並落實
③召募參加者

今後需要建立社群的人，最好隨時確認自己正處於這三個階段當中的哪一階段，再採取行動。

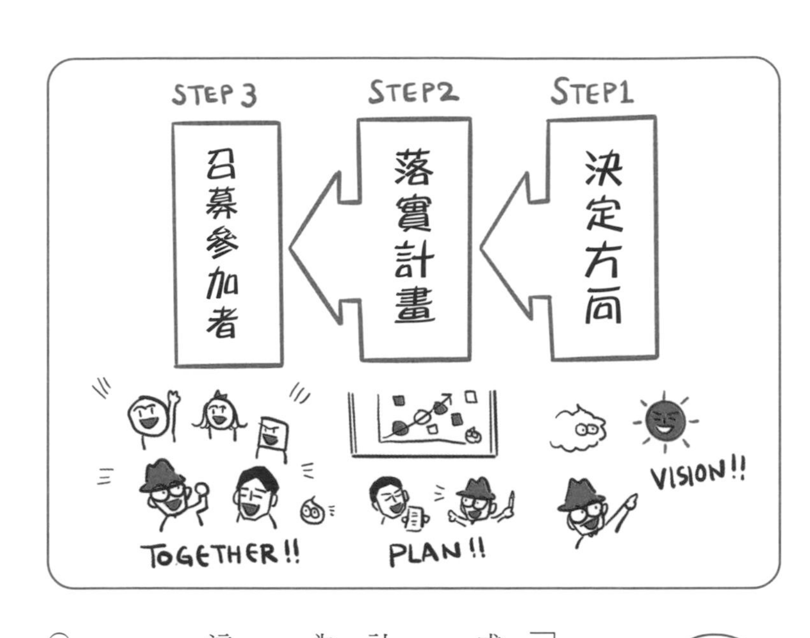

先決定方向

社群建構要從決定方向開始，詢問自己「究竟為了什麼而做」，例如對象是誰、要達成什麼目標，先釐清自己建立社群的目的。

如果是受託建立與自家公司事業有關的社群，那只要考慮「我們公司建立社群，是為了解決什麼課題」就好了。

但是，這樣的提問通常會得到像是以下這類的答案。

「主要是為了提高客戶對我們的投入（engagement）程度。」

「想要為各個客戶牽線、培養出互助的關係。」

「想建立一個讓客戶能深入理解我們產品和服務的場所。」

這些答案都很不錯，但還是太抽象了。

再更深入一點思考，更具體確定一個與自家公司課題相關的目的吧。

舉例來說，假設有一家製造體重計等醫療器材的製造商。

這家製造商的課題，是在家電量販店和網路商城的銷售市占率太低。他們為了找出原因，便調查了購買的消費者屬性，結果發現買家大多是具備高度健康觀念的人。對製造商來說，比起追求製造所有消費者都買單的產品，反而更需要加強自己和具備健康觀念的人之間的連結，培養自家品牌的支持者，應該更能有效增加營業額。因此，他們確定的方向就是「建立一個能夠理解自家產品、推廣給周遭親朋好友的社群」。

再舉另一個例子，假設老闆要建立社群來解決公司內部的經營問題。

在瞬息萬變的產業環境中，企業開放自家公司的技術、積極與其他公司聯手的開放式創新（open innovation）作法已經愈來愈有其必要。然而，一旦需要與其他公司聯手時，這位老闆卻不知道該怎麼辦才能順利合作，於是便召集公司內的所有工程師，建立一個可以隨興討論業界矚目技術的社群。所以目的就是「建立一個可以讓工程師輕鬆討論的場面，藉此找出超越公司框架的思想頭緒」。

這裡舉的兩個例子，共同點就是藉由新建的社群，讓參加者釐清他們可以實現哪些事情。社群的目標是什麼、對參加者有什麼好處，這些都必須好好思考。

然後，這些目的能用多簡單的詞彙來表現，表現出來的言語就是社群的「願景」。願景這個詞可能會讓人聽了有點不知所措，其實不必那麼小題大作也沒有關係，只要把自家公司想要實現的目標，與參加者的好處互相吻合的部分化為言語就可以了。

以下列舉幾個問題，提供大家參考作為塑造願景的動機。各位建立社群時，可以對參加者提出這些問題，然後找出答案吧。

- **您為什麼會使用本公司（你的公司）的產品或服務？**
- **您認為該產品或服務有何優點？您會怎麼評價？**
- **該產品或服務如何改變了您的生活？**
- **您會將該產品或服務推薦給哪些人呢？**

比方說，剛才提到的醫療器材製造商，準備建立一個以消費者為取向的社群。為了釐清社群的目的，公司請來五位在網路商城購買過自家體重計的消費者，想要聽取他們的意見。

結果，消費者表示「因為你們是醫療器材廠商，感覺可以放心購買」，對企業展現出高度的信賴。不僅如此，他們也提出一些意見，像是「希望能夠有一個像手機的減肥APP一樣，加入與陌生人互相激勵的功能」、「因為我常常懶得量體重，希望能新增提醒使用者定期測量的功能」等等。從這些意見，公司可以歸納出的關鍵字就是「信賴」與「樂趣」。

而公司內部經過多次討論後，找出的願景就是「以消費者對我們的信賴感為武器，

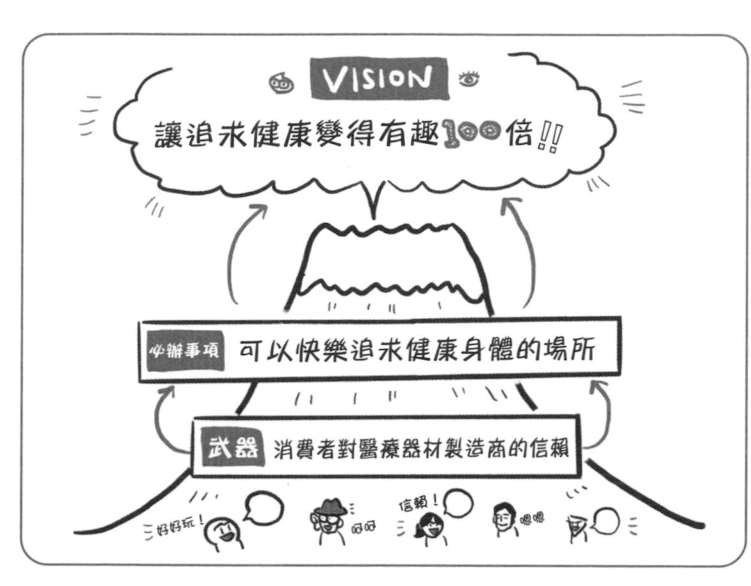

建立一個讓大家都可以愉快打造健康身體的社群」。

之後，公司的專案小組將這個願景化為文字，再一次實施使用者調查，結果得出的社群願景就是：

「讓追求健康變得有趣一百倍。」

一般而言，如果要認真實行健康管理，過程會非常乏味，無法持之以恆。

但是，只要加入這個社群，就能過著快樂健康的生活。這個願景就是讓參加者明白加入社群的好處、引發共鳴。

在建構社群時，最初訂立的願景具有非常重大的意義。請把它當成是所有決策的判斷基準。

如果社群的願景模糊不清，很容易變成只是追求短期的銷售額。這樣就是把維持社群營運的重要長期課題往後拖延，結果可能會導致社群衰退。

社群經營者千萬不能迷失方向，要很清楚自己「為何經營社群」，否則當經營團隊、主管這些支撐社群的環境條件改變時，便無法清楚說明社群的必要性，最終造成社群活動必須「奉命裁撤」。

沒有願景便直接創立社群，就會有這些風險。如果想要避免這種下場，最好用心花時間慢慢塑造社群的願景。

企畫的目標受眾是誰？

決定好願景後，接著就是訂立具體的企畫。如果願景已經底定，企劃的過程就會很順利。

這一步需要思考的是「企畫的對象」。

以剛才介紹的醫療器材製造商為例，企畫的對象就是特別講求健康的消費者；但假若目標是開放式創新的企業，企畫的對象就會是想在公司內部或外部開創新事業的人。倘若在這個階段依然很難鎖定具體的企畫對象，問題很有可能出在此時願景的設定還太過草率了。

在鎖定社群對象時，最能派上用場的，就是在塑造願景時曾徵求過意見、使用過自家公司產品和服務的熱情消費者。因為他們對產品和服務產生了感情，所以必定是召募社群參加者時的第一個目標。先找出參加者在年齡、性別、屬性等方面的共同點，更詳細地塑造出目標族群的形象。

另一方面，建立新產品和服務的社群時，可能還不確定社群的對象是誰，或者將對象設定在目前既有的產品未能涵蓋的消費族群。

在這種狀況下，可以傾聽符合目標對象的消費族群意見，將形象具體化。

我們繼續沿用醫療器材製造商的例子。這裡將社群的目標對象設定成「不養生的忙

碌上班族」。為了讓目標對象可以簡單明白「建立社群的原因」，社群經營者要像說故事般侃侃而談自己的親身經驗。

「我擔任醫療器材的業務，在醫院裡見到許多病患時，當下都會想著『希望能讓大家在生病以前就能發現健康生活的好處』。所以，我現在才會想要推廣人人都能感受到樂趣並持之以恆的健康生活型態，協助大家培養健康的身體。」

這段經驗談，可以讓人具體了解負責人建立社群的原因，也能更明確表現出參加社群所得到的好處。

構成社群的「活動」和「內容」

確定社群的目標對象以後，終於要進入實踐的階段了。

構成社群的元素並沒有那麼複雜，具體來說就是「活動」和「內容」這兩者。

社群營運成功與否，在於如何有效搭配組合這兩個元素。

訣竅是釐清目的、以適當的規模來召募目標對象。要考慮社群的成熟階段和可以使用的資源（人、物、資金、時間等等），逐漸確定策略上的社群整體風貌。

由於社群的狀態瞬息萬變，所以也需要觀察參加者的情況、隨時更換方法。尤其是在活動方面，有很多可以切換的技巧和調整的部分，詳情我會在第二章與第三章說明，這裡僅僅只是大略介紹。

首先，活動的目標有兩個。

一個是與社群參加者積極溝通交流，另一個是公布社群的願景、找出贊同的參加者

和合作對象。

活動又分成二十人左右的小聚會、二十人～兩百人左右的中小型活動、超過兩百人的大型活動等等，種類也是五花八門。

因此，後面會依照實體活動的規模，整理出各種規模的特色（參照左頁圖1）。

請大家了解各種活動的特色，再來決定活動的規模和形式吧。

小聚會的特色

小聚會的組成人數為四人～二十人，是活動的最小單位。

規模	特色	人數規模	準備期間（估計）
小聚會	交流的過程中可以看見所有參加者的臉。	4～20人	約14天～30天
小型活動	主辦人的想法容易傳達給參加者，在聯歡會上主辦人能夠向全部參加者寒暄。	20～50人	約40天
中型活動	社群裡的老面孔加上新來的成員，會產生適度的人員流動。	50～200人	約60天
大型活動	活動中需要準備多道程序，登台嘉賓也較多，容易招攬到觀眾，但主辦人無法顧及所有參加者。	200人以上	約3個月～6個月

圖1 ● 各個規模的實體活動特性
Peatix製作

它的**目的是讓參加者可以在面對面的情況下溝通交流**。尤其是在十人～十五人左右的小聚會中，溝通量會增加，可以加深參加者之間的理解。比起大規模的活動，這種小聚會的參加者彼此更容易建立緊密的關係，對社群的歸屬感也會更高。

只要利用網路會議服務或是群組聊天工具，也能開設網路線上的小聚會。如果過程順利的話，大家只要在線上就能充分交流，而且優點是住在遠方的人也能參加。如果要讓初次見面的人打開話匣子，面對面的小聚會效果較佳；但如果彼此已經是熟面孔了，在線上聚會也一樣能夠順利交流。

小型活動的特色

小型活動是社群活動中最正統的規模，組成人數大約是二十人～五十人。

小型活動的目的，**是透過社群的資深成員與新來成員的互動，或是從外面邀請來的嘉賓與社群成員之間的交流，藉此提升活動的熱量**。這個人數規模可以在能夠記住全員相貌的範圍內吸引觀眾，設置聯歡會的場合提供大家互相交流的機會，為更多參加者帶來新的刺激與發現。

小型活動適合的形式，包含參加者自己動手做出某些作品的工作坊，以及有多名嘉賓登台與觀眾交談的討論會。大家談論共同主題的工作坊，可以彼此交換更深入的意見，所以適合定期舉辦。

如果召集了三十人以上，建議改採討論會的形式。這樣嘉賓與參加者可以看見彼此的臉孔，氣氛會比較高昂，也能促進雙方的交流。參加者的滿意度也更容易提高。

【小聚會】

面對面的溝通交流

【小型活動】

心意可以傳達給每一個人

◎中型活動的特色

中型活動可以拓展社群涵蓋的範圍，組成人數大約為五十人～兩百人。

中型活動的**目的是增加更多新的社群參加者**。小型活動的特色是主要由社群的中堅成員聚集在一起，中型活動則是召募有望加入社群的候補人士，透過活動傳達社群的運作內容、逐漸加強社群與可能有興趣的參加者之間的連結。

中型活動常見的形式是討論會。與小型活動的討論會相比，台上的嘉賓和參加者之間的距離稍遠，但只要安排與時事相關的主題，再邀請適合該主題的嘉賓登台，就很容易吸引到觀眾。在聯歡會中，則要讓嘉賓和社群成員，以及初次參加的人都有機會互相交流。

如果是在剛成立社群的時期，第一年最好要將最終目標設定為每年都要舉辦一次中型活動。確定每年舉辦中型活動的日程，再配合中型活動每年舉辦三次～五次的小型活動就可以了。

重要的是，活動主題必須切合社群的願景和目標對象。討論會的嘉賓，最好能夠邀請對主題有共鳴的知識分子或具有影響力的人物。

社群經營者可以藉由邀請有影響力的人當嘉賓，與對方建立交情，這樣往後的活動也可能有機會再請對方協助。

中、小型活動的附加效果，就是可以強化社群的向心力。因為經營者和參加者一起籌備活動，可以孕育出「社群相關成員共同促成活動」的一體感。

中、小型活動和小聚會一樣，也可以移師網路舉辦（詳情會於第三章說明）。

大型活動的特色

大型活動是為了加強社群的資訊發布能力而舉辦，參加人數大約是兩百人以上。這種規模的活動稱作「大會」，有些活動甚至會連日舉辦，特色是主辦者大多為經營企業取向的產品和服務的社群。

大型活動的**目的是對外傳達社群的運作內容，向外界傳達「理想中的社會樣貌」、加強社群的向心力**。

由於大型活動非常耗費心力和時間，所以建議等到社群功能完全成熟以後再舉辦也不遲。如果是剛成立的社群，不妨做好「兩、三年後再舉辦大型活動」的心理準備，否則成立初期就要舉辦大型活動，目的也只會放在召募參加者，很容易導致社群的營運遲遲上不了軌道。

如果社群很重視與參加者的交流，舉辦小聚會或中、小型活動就已經足夠。如果臨時需要企劃大型活動，一定要依據社群的願景和經營狀況，認真評估是否真的有舉辦大規模活動的必要。

選擇活動規模時，要先對營運團隊的人數、預算、距離開幕的天數有所認知。即便是小型活動，從企劃到舉辦也需要四十天左右；大型活動光是籌備就需要花上三個月～六個月。

建議先掌握活動所需的人手、預算、天數後，再審慎思考舉辦何種規模的活動。

活動的型態取決於社群成熟度

除了規模以外，活動企畫還有一個重點，就是「型態」。型態又分為「一對n型」、「討論會型」、「工作坊型」、「程式設計／創意發想馬拉松型（Hackathon／Ideathon）」等類型（參照45頁圖2）。

近年來，有「零食型」之稱、類似喝酒聚會的活動也變得愈來愈普遍。另外還有一種「露營型」，由於牽涉到外出過夜，門檻較高，不過登台嘉賓和參加者能夠在當地增進交流，有助於提高一體感。此外，像是討論會兼工作坊，諸如此類搭配不同類型的複合式活動也逐年增多。

活動型態要依照目的和社群狀況來選擇。以下就來說明各個型態的活動特色。

◎一對n型活動

一對n型活動主要是講師或登台嘉賓談話，參加者在台下默默聆聽的形式。如果活動主題是學習新知或技巧，就適合採取這種形式。大型活動通常都是舉辦一對n型的討論會。

一對n型的缺點就是參加者是被動聆地聽演講，與登台嘉賓鮮少有雙向互動。不過最近也有愈來愈多活動導入了參加者可在固定時段上台講話的形式（閃電會談〔Lightning Talks〕或簡報提案），特地安排程序讓參加者主動加入互動。

◎討論會型活動

討論會型活動，是由多位登台嘉賓和主持人在台上討論的形式。由於登台嘉賓較多，所以這種形式的特色是在談論特定的主題時，很容易激發出富有吸引力的內容。主持人會收集參加者的提問，將整個會場帶入討論的氛圍內；只要主持功力夠好，就能炒熱活動的氣氛。

◎工作坊型活動

工作坊型活動，是參加者小組或個人處理特定的課題，在時限內做出成品的形式。因為是參加者主動加入活動，所以參加者會依據主題的內容，進而提高對活動主辦企業的興趣。

型態	特色	最適合的活動規模
1對n型	由講師或登台嘉賓主講，參加者在台下聆聽。	中型～大型
討論會型	多位登台嘉賓在台上討論，參加者在台下聆聽。	小型～大型
工作坊型	1位或多位參加者組成團隊作業，在限制的時間內做出某些成果。	小聚會～小型
程式設計／創意發想馬拉松型	一群人針對特定主題進行團隊作業，在限制的時間內想出創意或程式，互相比較完成度。	小型～中型
零食型	像發零食一樣，由主辦者連結所有參加者。	小聚會～小型
露營型	舉辦外出過夜式的活動。登台嘉賓和參加者彼此對等交流。	小型～中型

圖2 • 各種型態的活動特性

Peatix製作

程式設計／創意發想馬拉松型活動

程式設計／創意發想馬拉松型活動，是在一、兩天內，由多個團隊同時處理單一課題，最後發表成果、一較高下。程式設計馬拉松的基本目標是開發新技術，創意發想馬拉松則是構思出商業創意。這個活動比工作坊型更耗時，而且具備比賽性質，能夠提高團隊的向心力。

這種活動的特色是如果是由企業主辦，參加者就會長時期使用該企業的產品和服務，通常會透過活動而成為該品牌的支持者。這種活動方法尤其對於建立商業社群來說格外有效。

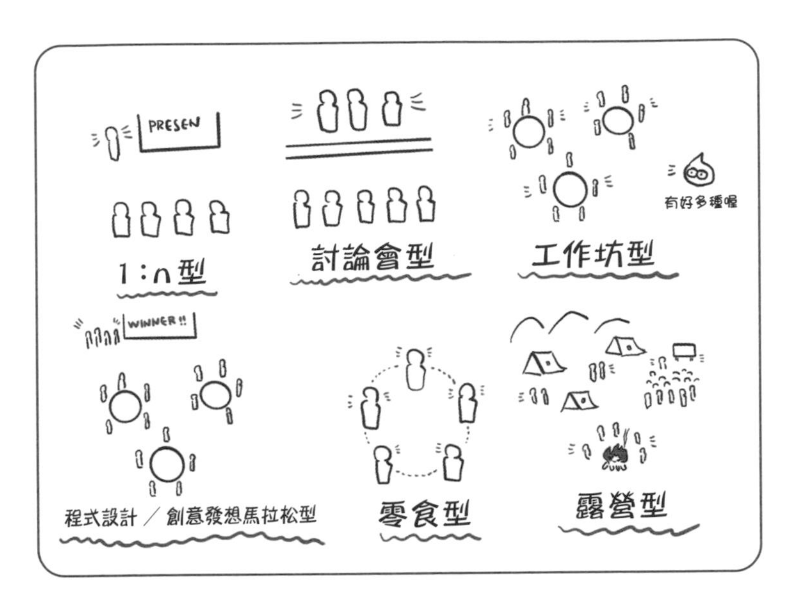

零食型活動

零食型活動，是由社群經營相關的人士擔任活動的主人，類似招待參加者的酒宴形式。活動主題並不會事先設定，又可以輕鬆連結所有參加者，是最近愈來愈常見的新活動型態。

露營型活動

露營型活動是在戶外過夜一晚到數晚、提供各種活動場次的形式。比較常見的是參加者可以針對感興趣的環節自由參加的音樂節活動。由於登台嘉賓、台下觀眾與主辦人三方將會共度一段很長的時間，所以能夠很快地拉近彼此的距離，容易炒熱社群和現場的氣氛。

連結各個活動的內容

活動是社群建構的軸心，但因為受到時間和距離的限制，無法經常舉辦；即便經常舉辦，能夠見面交流的參加者也只是少數。結果恐怕就會變成對活動有興趣、但始終無法抽空參加的人被排除在外。

這時最需要重視的是內容，也就是**為無法參加活動的人傳達活動的狀況、帶給他們模擬體驗**。利用影音、文章等媒介記錄舉辦的活動，透過YouTube、Podcast、公司自有的媒體平台、部落格、電子郵件等管道，發布給所有人。

這裡就來談談，如何製作出能夠炒熱社群活動的內容。

◎發布活動的報導圖文

各種媒體內容中最具代表性的，就是彙整活動全貌的報導文章。一般說來，主辦者會先以文字記錄整理活動的內容，如果要用語音記錄，委託（藉由網路仲介各個自僱人士的）Lancers或CrowdWorks之類的群眾外包服務公司會比較方便。近年來，雲端公司「AWS（Amazon Web Services，亞馬遜雲端運算服務）」提供的語音逐字稿服務「Amazon Transcribe」，也開始支援其他語言的輸入了，可以活用在外部服務。

另外還有個方法，就是邀請有影響力的部落客、熟悉活動主題的知識分子，或是在該業界具有強大媒體關係的人士來參加活動，請他們撰寫報導文章。只要借助專家的力量，就能將活動資訊推廣到超出自己人脈網路的廣大族群。

彙整推特（Twitter）的發言

活動期間，要多多在推特上發言、向參加者報告現場狀況。只要發言時加上該活動的「#（話題標籤）」，在活動結束後就能彙整出所有貼文、一一閱讀。也可以讓社群營運人員使用主辦者的官方帳號，持續貼文即時轉播活動現況。

活動結束後，可以利用彙整推特發言的「Togetter」等服務，整理所有附加活動話題標籤的貼文、建立專頁。這樣不只是社群的參加者，連不知道社群和活動的人也能獲得資訊。

發布活動影片

錄下登台嘉賓的討論會和演講的影片，在網路上播放。影片包含的資訊量遠比文章更多，可以充分展現活動的氣氛，對於當天無緣前往會場的人也是十分有用的內容。

這裡要特別提醒，發布影片時，一定要事先取得登台嘉賓的同意。

搭配組合文章、推特、影片等媒介，定期向社群成員發布內容，就能引起成員對於下一次活動的興趣。

展現前一場活動的風貌，同時召募下一場活動的參加者，那就是一舉兩得。邀請了登台嘉賓的討論會報導，有時也會透過社群媒體在網路上流傳；如果推廣得很順利，就能吸引更多對社群活動產生興趣的人。

建立臉書（Facebook）社團

另外還有個方法，就是將社群成員和登台嘉賓一起組成臉書社團，讓成員貼文提供五花八門的資訊，活絡社群內部的交流。

建立臉書社團時，即便活動正在進行中，最好也要通知在場所有參加者、促使他們加入社團。在社團裡分享活動中拍攝的團體照片也是一個方法。參加活動的人可以在社團內隨意發表照片，氣氛會更加熱絡。如果能請活動登台嘉賓也加入社團，參加者的熱情就會更加高昂。

最重要的是，讓社群成員願意繼續發布大家都能共享的資訊。因此，建立臉書社團時，一定要整頓出能夠持續貼文的體制，也可以開放大家分享活動的照片、報導文章、與活動內容相關的外部文章。

建立活動行事曆

了解活動和內容的安排方法以後，接下來就可以具體計劃活動的舉辦頻率了。

各位在這個階段，必須先掌握人員、預算、時間這些可運用的資源。像是「由多少人來經營社群」、「需要耗費多少預算」、「能否找得到活動場地」等等。

整理出社群中可以分配的人、物、資金、時間，思考活動的型態和規模、頻率、投入內容的時機。

各個活動和內容的發布，都必須以「點」來思考。**最重要的是使各項活動彼此連貫、形成最終收束至社群目的的「線」，組成一個大脈絡。**

請大家參照54頁的插圖，活動和內容的發布都像是有機體般互相連結。每一項企畫終歸都只是用來提高社群熱度的元素，重點在於如何讓它們建立有機的連結、組成一個系統。

◎安排年度行事曆的方法

擬定計畫的方法，可以依照以下的步驟進行。

①參考人員、預算、時間等資源和活動規模、籌備期間，決定活動的規模和舉辦頻率。

②決定最適合各個活動的型態。

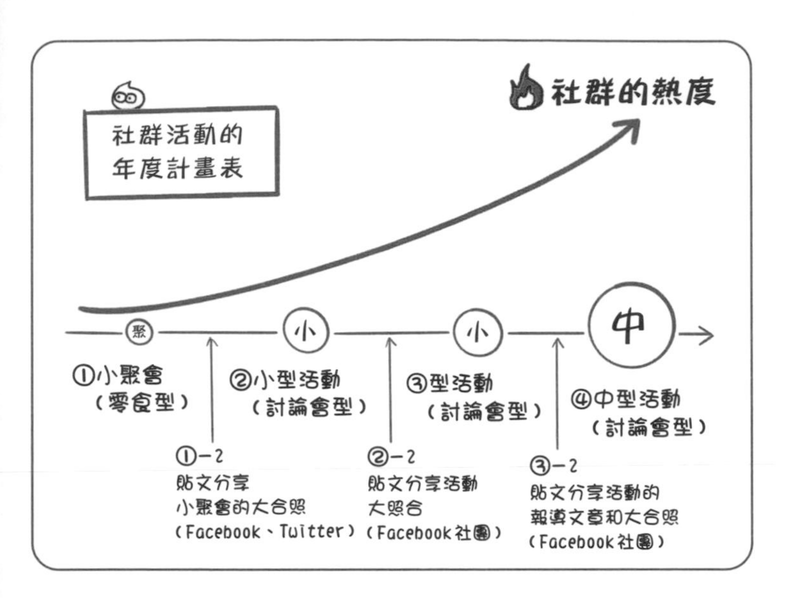

③想好在活動和活動之間的過渡期，如何讓社群成員互相交流。

④寫下年度行事曆，檢查是否有難以實行的計畫，同時確認各個企畫是否能夠匯集成一個系統。

⑤確定年度行事曆。

負責社群營運的人，難免會急於創造成果而不小心安排太多活動。記住，逞強是大忌。沒有資源卻勉強拚命做，容易導致半途而廢，結果無法建構出心目中的社群。

如果是第一次建立社群，首先還是專心調整體制吧。要把社群營運的第一年當作是經驗的累積，在不逞強的範圍內訂立計畫。

鎖定熱情粉絲，號召參與

最後一步，是募集社群的參加者。

到了這個階段，各位應該多少能夠想像會吸引到哪些人加入了吧。這裡就來說明召募參加者的具體方法。

第一步，先向對社群表現出興趣的熱情粉絲搭話。比方說，如果要建立一個消費者取向的社群，就要利用自家公司網站、電子報、社群媒體官方帳號等管道來募集成員。只要以特定產品或服務的忠實顧客為主軸，向他們發布資訊就可以了。

如果是要建立企業取向的社群，那麼設法邀請原本已有生意往來、可能會對社群活動感興趣的客戶企業負責人，會比較有希望。

社群參加者的召募方式

①剛起步時先邀請大約十個人。
②舉辦五人~十人規模的小聚會。
③在小聚會中聆聽參加者提出的產品和服務優缺點。
④慢慢將社群的範圍拓展到朋友和在職場上往來的人。
⑤在社群媒體上與參加者互動、交流。

觀摩其他社群的經營模式

在第一次建立社群以前，最好先自己實際參加幾個社群。

俗話說「熟能生巧」，在社群方面擁有最有益資訊的人，就是那些親身實踐的人。**只要親身體驗經營社群的前輩實際上建立什麼樣的社群、舉辦什麼樣的活動，就能充分了解箇中門道。**

「我參加的社群是以什麼頻率、舉辦什麼規模的活動」、「該社群發布什麼樣的內容給參加者、如何與參加者溝通交流」、「除了活動以外，都在什麼地方與參加者交流」。在社群中，要多注意觀察這幾個重點。

各位可以在Peatix之類的活動平台和臉書的活動頁面上搜尋，參加自己有興趣的活動，或是請熟人或朋友介紹他們推薦的活動。

多多參加各種活動，你就會漸漸萌生「總覺得氣氛很好」、「希望這一點能改善一下」、「如果這種氣氛再強烈一點，會聊得更順」之類的感想。這種感覺，就是你希望建立的理想社群原型。

如果你不曾參加過任何社群，那就先試著在一個月內參加五次~十次的活動吧，如此一來，肯定能更具體地發掘出你理想中的社群形象。

尋求公司同事協助

在召募參加者的階段，建議先在公司內尋找可以協助社群活動的合作夥伴。也就是積極向公司同事談論社群願景、找出能產生共鳴的人。

比方說，管理部的前輩或許熟知可透過哪些管道來疏通各種活動需要的繁雜手續，業務部的同期同事也可能樂意向客戶多多推廣社群。

儘量在公司內找出更多能夠在緊急時刻拜託的同事，這可是讓社群得以穩定續航的重點。

四種社群類型

到目前為止，我們已經講完建立商業社群的三個步驟了。

其實，社群建構的目的除了企業的經濟活動以外，還有其他很多種類。

每種社群的必備條件，同樣都是「每一位參加者都很清楚自己的目的、主動參與社群，彼此可以站在平等的立場交流」，差別只在於社群成立的過程和目的。

大多數人都了解並廣泛運用「社群」一詞，但社群有很多種，所以每個人對它的印象也不盡相同。因此，我們在後面整理出四種社群的特色。

地區社群

這個社群的目的是活化地區、建立區域連結。從小型鄉鎮委員會之類的「地方社群」，到負責解決地區課題的行政機構、NPO（非營利組織）、在地企業等各領域相關人士參與策劃的大型社群，涵蓋的範圍很大。

日本的地區社群在一九九五年阪神、淡路大地震、二〇一一年的東日本大地震等天災過後，格外受到關注。景觀設計師山崎亮出版的著作《社區設計》（臉譜出版社），讓地區社群的建立實例開始受到矚目，正是在東日本大地震後的二〇一一年。

近年來，也出現了新型態的地區社群。它是著眼於居住在該地區有影響力的人物，帶動市民一起成立地區活化的專案。舉例來說，在日本各地實行地區活化專案的初創企業Show Innovation，與東京都澀谷區合作營運的「串連澀谷三十人」社群中，就集結了三十位澀谷當地有影響力的人士、成立地方專案，著手解決澀谷的各種課題。由於這項計畫大獲成功，使得京都市、名古屋市、氣仙沼市，也在近年成立了由當地三十位影

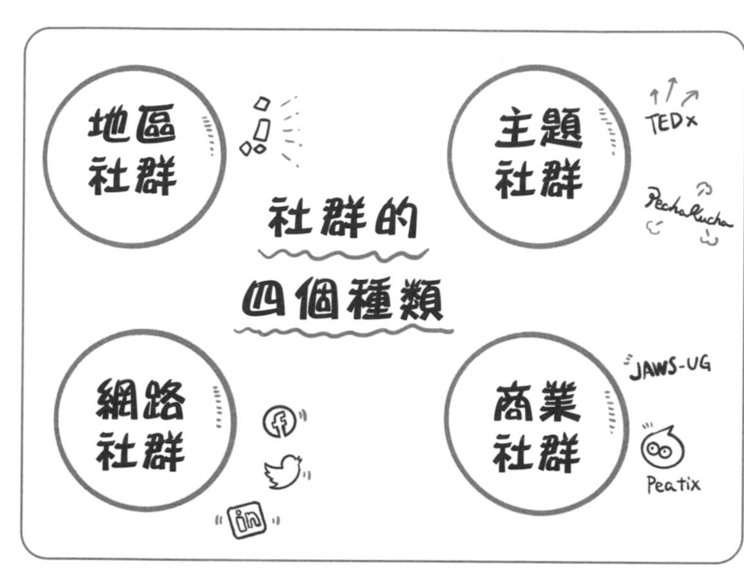

響力人物組成的社群。

主題社群

這是由擁有特定興趣或嗜好、關心同一主題的人組成的社群。從大家一同輕鬆談論喜歡的明星藝人，到工程師主辦的嚴肅讀書會，種類五花八門，由希望了解特定主題的人聚集組成。

最著名的主題社群，就是共享「有推廣價值的創意點子」的「TED」。它是發祥於美國的社群，特色是由精挑細選的講者進行十八分鐘的演講。因為內容非常有趣，名聲已遍及全球，如今世界各國或地區都以「TEDx」之名衍生出其他活動。

起源於日本的「設計師交流之夜（PechaKucha Night）」社群，也推廣到全球超過一千兩百個城市。活動內容是請公開召募而來的嘉賓，使用二十張投影片、每一張只能用二十秒的時間快速演講，現已普及為眾多設計師、建築師、藝術家的交流場所。

網路社群

網路社群是隨著IT（資訊科技）**的普及而逐漸活絡起來的社群**。日本的網路社群始祖「NIFTY-Serve」和「PC-VAN」等電腦通訊服務商，在一九八〇年代後半問世，隨後便將網路上的交流模式逐漸拓展到整個社會。在二〇〇〇年代，社群媒體的mixi成為網路的焦點，個人用戶可以和擁有相同嗜好和興趣的同伴聚在一起，建立五花八門的網路社群。

然後，隨著推特、臉書、領英（LinkedIn）等社群網站的普及，網路社群滲透到更廣大的族群。從二〇一〇年代開始，在網路上具有影響力的名人主辦的「線上沙龍」等活動也愈來愈多。

◎商業社群

這是以企業為主體、目的在於活化經濟活動的社群。本書解說的就是這個類型。

舉例來說，如果企業是專為消費者提供產品和服務，就會為了吸引這些消費者成為品牌粉絲而建立社群。社群參加者可以針對作為社群主題的產品服務使用方法或改善要點，盡情發表意見，透過談論這個主題而逐漸對品牌加深感情。

當消費者取向的商業社群開始順利營運後，參加者就會自發性將產品和服務的魅力推廣給其他人。消費者取向的商業社群特色，就是會演變成由粉絲培育出更多粉絲。

另一方面，企業取向的產品和服務，近年也有積極建立連結公司所有顧客的商業社群的趨勢。企業取向的社群特色，在於大多數的目的都是開發有望簽約的潛在客戶、簽約後加強與客戶的關係。

企業取向的產品和服務需要很長的時間才會走到簽約這一步，所以算是企圖透過社群向潛在客戶介紹成功案例、共享使用技巧，從旁促進雙方成功簽約。以簽約後的客戶為對象的社群也相當多，這種社群的目的則是讓客戶彼此共享技巧、增加成功案例，強化他們對於產品和服務的情感。

日本的企業取向商業社群當中，最有名的就是雲端服務「AWS（亞馬遜網路服務）」的國內用戶，所組成的「JAWS-UG」了吧。AWS用戶為了方便共享使用技巧、解決疑難雜症，才成立了JAWS-UG。AWS的人員會主動加入社群，實際與參加者交流、孕育新的商機，其中也包含了許多AWS可以利用、發展的機制。

這一章的最後，我們再來復習一下社群建構的要點吧。

社群建構需要有三個步驟——**①決定方向**（願景或目標），**②擬定具體的企畫並落實**，**③召集參加者**。

其中最重要的就是①決定方向的階段。千萬不可以輕忽塑造願景的過程。要是忘記

「自己是為了什麼建立社群」，社群的定位就會變得模糊不定。這種社群大抵都無法提高參加者和相關人士的交流動力，結果步入停止運作的下場。

「為什麼建立社群」、「想透過社群實現的目標」都要徹底釐清。

一來到建立社群的階段，往往會將注意力全數放在舉辦活動、發布內容上，所以一定要多加留意。

2

活動的企劃與宣傳

在第二章，我們要來解說作為社群運作主軸的活動。社群營運主要是由「活動」和「內容」這兩者構成。其中營運的起點就是活動。而活動的成敗，說是取決於社群的熱度也不為過。

傳統的活動絕大多數是以社群成員彼此直接見面的實體活動為主體，但是自二〇二〇年春季以後，在新冠肺炎疫情的衝擊下，在網路上完成的線上活動也愈來愈多了。

第二章會談及各種活動的特色，並說明實體活動的企劃到實施、結束善後的流程。至於線上活動的實踐技巧，則是彙整在第三章。

活動的企畫大致有三個步驟。

① 構思概要

② 編排內容

③ 思考集客的計畫並實行

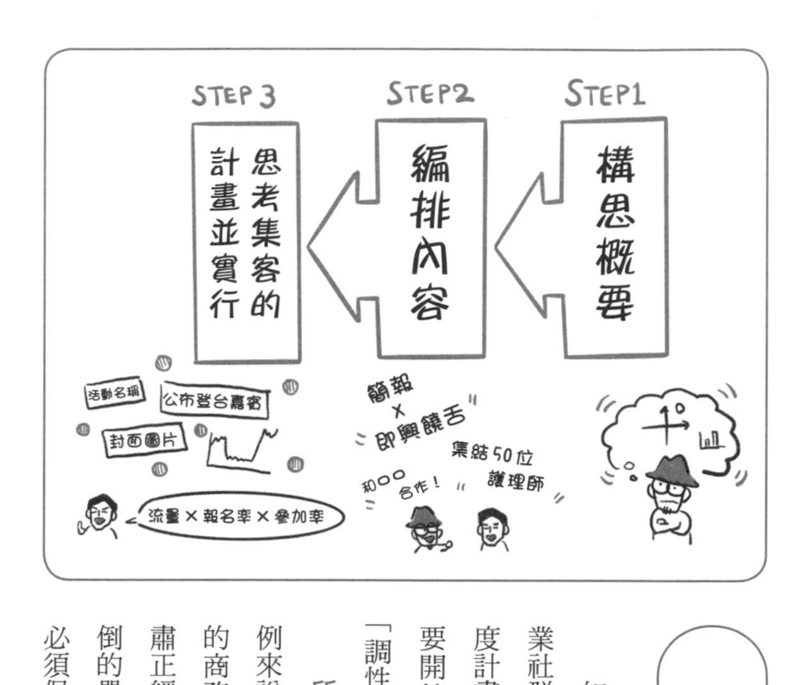

首先確定「調性」

如果你已經按照第一章的順序建立了商業社群，那應該也已經制定好社群運作的年度計畫了。在這個流程中，會從構思活動概要開始做起。首先，我們要決定好活動的「調性」。

所謂的調性，即是指該活動的氣氛。舉例來說，如果社群是提供「任職於金融業界的商務人士討論的地方」，調性就會比較嚴肅正經。但是，如果活動氣氛總是保持一面倒的嚴肅，就很難熱絡起來。所以，經營者必須保持嚴肅的路線，同時預備好可以營造出「大家一起乾杯！」這類輕鬆氣氛的機制，花點心思來緩和現場的氣氛。

活動的調性是要「隨興」還是「嚴肅」，可以用一條軸來表現；另外，再將反映出參加者是否能放心暢所欲言的「交流多寡」，分成另外一條軸。兩者的關係就如左頁圖片所示。這張圖中活用了37頁圖1的「各個規模的實體活動特性」和45頁圖2的「各種型態的活動特性」，將各項活動分類在各個象限中。各位可以思考一下自己主辦的活動，可以歸類在哪個象限。

溝通交流的多寡是形成社群的重要元素，尤其是在社群剛成立的階段，最好實施歸類為圖中第一象限（「交流度高」×「嚴肅度高」）的「創意發想馬拉松型」活動，或是第二象限（「交流度高」×「隨興度高」）的「零食型」活動。在溝通交流程度較高的活動中，參加者和主辦者彼此會比較容易深入認識，培養出不只是萍水相逢的人際關係。

第三象限的「名片交換型」（「交流度低」×「隨興度高」）活動，雖然可以聚集很多人，但最後容易流於參加者只是單純交換名片的場面，沒有孕育出社群的必備條件「參加者主動建立關聯」，往往無法提升社群的熱度。

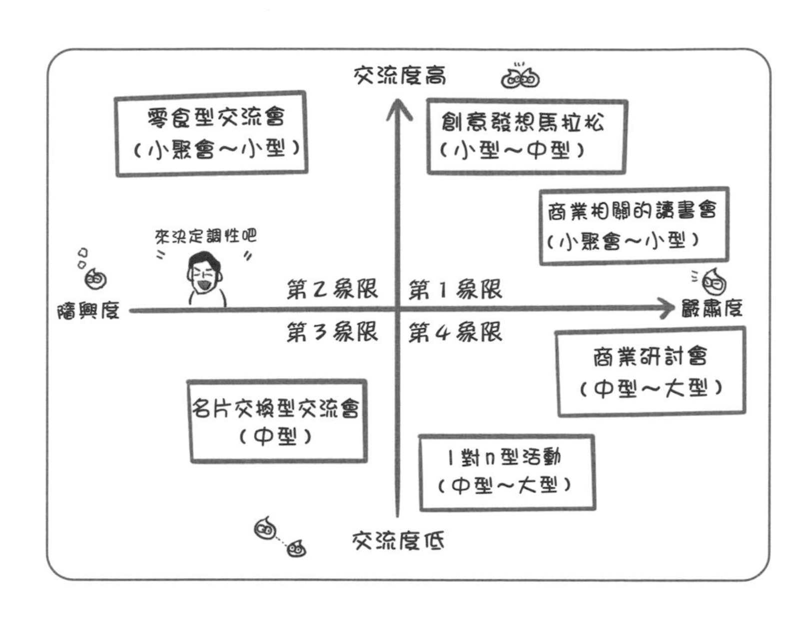

如果你想要建構可以加深人際關係和討論的社群，請記住，只是交換名片的應酬式活動並不會得到你預想中的效果。

累積經營社群的經驗以後，就可以依照活動的內容改變調性。試著將認真嚴肅的活動轉化成隨興的氣氛，就能夠為社群帶來新的刺激。

當社群運作落入窠臼時，改善過於平淡無奇的調性，有助於改變現狀。

有趣活動的三個方程式

確定活動調性以後，自然就會決定好活動的規模和型態，接著就可以開始編排活動的內容了。

這一步最重要的是講求能讓參加者覺得「有趣」的內容。內容才是活動的主軸。

那麼，怎麼樣才能算是有趣的活動呢？**重點在於內容是否能使知道活動的人產生興趣、受到吸引。**

這幾年來由商業社群主辦的活動陸續增加，參加者可以從琳瑯滿目的選項中，任意選出自己覺得很有趣的活動。在這樣的環境下，社群經營者必須針對想要吸引的目標族群，用心編排內容、引起他們的興趣。

不過，應該還是會有很多人煩惱「話是這樣說沒錯，但構思有趣的內容可沒這麼簡單吧」。因此，後面就要來介紹從我們的親身經驗所歸納得出，如何打造有趣活動的三個方程式。

構思有趣企畫的「3個方程式」

① 乘法 簡報演講 × 即興饒舌
② 加法 護理師30人 影響力人物25人
③ 搭配組合 CULTURE2 with ○○○ Peatix with ○○○

① 乘法

② 加法

③ 搭配組合

當各位在構思企畫時，只要意識到這三點，創意的幅度就會廣闊許多。接著我們就來依序說明吧。

運用意外的乘法創造驚喜

活動的乘法，意思就是和完全不同領域的活動融合在一起。人對於出乎預料的組合總是能感到驚訝，懷著「哇，這是什麼？」

乘法實例1●「簡報演講」×「即興饒舌」
簡報技巧教學融合綜藝娛樂的元素（2018年舉辦）

的心思而產生興趣。

舉例來說，不曾上過綜藝節目的實力派演員，要是突然在搞笑節目登場，就會令觀眾忍不住想看。同理，只要將社群的主題和截然不同的其他領域掛勾就行了。為了讓各位更容易想像，後面列出幾個實例來說明。

乘法實例1 「簡報演講」×「即興饒舌」

這是由澤圓先生舉辦的活動，他曾出版過《最強表達高手的攻心簡報術》（先覺出版社），是精通簡報術的第一高手。

大家的
移居新秀選拔會議
ALL STAR GAME 2017

乘法實例2 ●「移居說明會」×「新秀選拔會」
地方行政機關的新居民召募會融合職棒式的新秀選拔會（2017年舉辦）

活動的中心主題雖然是傳授簡報演講的技巧，但融入了用嘻哈饒舌風格即興說唱比拚的元素，提高了活動的娛樂性。

出場者在講壇上針對現場出的題目，花十分鐘準備簡報，然後進行三分鐘的演講，與包含澤圓先生在內的其他出場者對決。

將簡報技巧的學習結合娛樂的元素，能使看見活動宣傳的人更加倍期待。

乘法實例2 「移居說明會」×「新秀選拔會」

「大家的移居新秀選拔會」，是希望召募新居民的地方行政機關負責人，以大家都熟悉的職棒「新秀選拔會」方式來舉辦的活動。

這場活動的趣味，在於地方行政機關將召募移居者和職棒的新秀選拔會結合在一起。活動內容是行政機關將考慮移居或是關心移居資訊的人當作新秀候選人來選拔，是一種前所未有的企畫。

傳統作法是行政機關主動拜託考慮移居的人，召募想返鄉或遷居的候補人選。這場活動卻翻轉了這種立場，非常獨特新潮，因此還獲得多家媒體採訪報導。

善用加法，增加趣味

接著我們來談活動的加法，**加法的意思就是邀請特定業界或是與主題相關的人士，增加更多登台嘉賓**。這樣可以使對該領域有興趣的人真切地感覺到趣味。

舉例來說，假設我們要舉辦一場主題是ＡＩ（人工智慧）的活動，在宣傳時公布會有「三名」精通該領域的知識分子登台，對比公布「二十名齊聚一堂！」各位覺得哪一邊

加法實例1 ● 澀谷地區的25名影響力人物
在2小時的活動中集結了25位登台嘉賓（2019年舉辦）

比較具有衝擊力呢？如果是關心ＡＩ資訊的人，肯定會選擇後者。

但嘉賓並不是愈多愈好，而是集結不同方面的ＡＩ相關人士，趣味度才更加提升。後面就來介紹實際舉辦過的活動案例吧。

加法實例1 澀谷地區的二十五名影響力人物

我們主辦的「Community Collection !」活動，集結了多位在當地從事魅力活動的登台嘉賓。剛起步時，我們邀請了在東京澀谷各個社群和企業中、具有影響力的二十五位

加法實例2 ● 三十位護理師的團體啟發活動
三十位現任護理師齊聚一堂（2019年舉辦）

人士擔任嘉賓。

短短兩小時的活動就有二十五位登台嘉賓，如果單純平均計算，每一位嘉賓只有四分多鐘的時間可以講話。即使如此，各位嘉賓依然興致勃勃地上台。澀谷當地的主要人物全部齊聚一堂，也算相當罕見，所以這場活動第一次就吸引到超過八十人來參加。

加法實例2 三十位護理師的團體啟發活動

二〇一七年十一月起，在澀谷已舉辦過三次的「澀谷NURSE酒場」活動，每次都有三十位現任護理師登台。這是由護理師社群「看護師〜ず」企畫的活動，目的是為年輕人提供可以思考健康保健的機會。

一般來說，年輕人不太會參加探討健康議題的講座，所以這場活動才集結這麼多護理師，以提高活動的矚目程度，吸引年輕人的興趣。這種三十位現任護理師齊聚一堂的活動前所未有，因此也如預料中令人大為驚奇。

如果將活動內容侷限在特定的主題，盡可能集結更多該領域的專家，就能展現出活動的趣味了。

比方說，我們來構思看看提供雲端軟體服務的企業，如何企劃一場市場行銷的講座活動。在過去的企畫中，都是由該企業供應的UI／UX（使用者介面體驗）最佳化工具的開發負責人，上台談論工具的使用技巧。這裡我們不妨運用加法方程式，從其他並沒有直接競爭關係的五家公司中，邀來各家程式最佳化工具的負責人一起在台上討論行銷議題，各位覺得如何？對應用程式的行銷深感興趣的商務人士，應該都會深深受到這個活動吸引吧。

跨界合作，創造富變化的組合

展現出活動趣味的最後一個方法，就是搭配組合。不是靠一己之力舉辦活動，而是與其他社群之類的組織合作、讓活動內容富有變化，獲得資訊的參加者就會變多。

我們就舉「A公司×B公司」的聯名活動為例吧。假設有平常會參加A公司的活動、卻沒有聽說過B公司的人參加了活動，A公司就會成為一個誘餌，讓這個人因此認識了B公司。

不同組織聯合舉辦活動，可以吸引到平常無法接觸到的參加者來參訪活動。

◎組合實例1　人力銀行聯名合作

左圖是Peatix專為人事機構人員舉辦的活動。這是日本提供徵才平台的人力銀行

組合實例1 ● 人力銀行聯名合作
3家同業公司聯合登台（2019年舉辦）

BizReach、外部人才資料庫Lancers、提供業務自動化服務的BizteX，這三家同業公司聯名合作的活動。

乍看之下，這活動是由三家互相競爭的人力銀行合作舉辦，但是平常會利用各公司服務平台的人事機構人員，都對這場活動表現出興趣，所以實際上有超過一百五十人報名參加活動。

如果只由單一公司舉辦，吸引到的觀眾族群可能會有偏差；但是與其他公司合作，不僅能使活動更有趣，而且還有一個優點，就是能與合作的對象互相轉介客戶。

為了吸引參加者的目光，「HR TECH BATTLE」這種稍微帶點煽動意味的活動名

組合實例2 ● 多名活動主辦人合作

參加族群各不相同的活動主辦人合作（2017年舉辦）

稱，也是企畫的其中一個巧思。

組合實例2 多位活動主辦者合作

Peatix會定期舉辦「活動沙龍」，作為Peatix活動主辦人專用的社群。而這個活動沙龍，和創意製作公司NAKED主辦的數位藝術活動「TOKYO ART CITY」一起聯合舉辦了這場活動。

活動沙龍總是在同一個場地辦活動，但這場合作則是在TOKYO ART CITY常用的藝術展場舉辦活動。活動沙龍的參加者，可以在不同於以往的場地觀賞藝術展覽、同時參與活動沙龍，活動本身可以展現出新奇和趣味，而且也會吸引很多過去不曾參加過活動沙龍的人來訪。

與其他的社群共同舉辦活動，也能為平常的社群活動增添變化。這種新鮮感可以催生出趣味，吸引新的參加者加入社群，有助於促進社群的新陳代謝。

吸引觀眾的集客公式

思考活動的概要、編排好內容以後，終於要開始招攬觀眾了。

應該很多社群經營者都會擔心「雖然企畫定好了，但要怎麼召募參加者呢？」首先，請各位記住以下公式。

「流量（活動網頁的連結次數）」×「報名率」×「參加率」

＝「活動參加人數」

看見活動公告資訊的人數，也就是流量（主要是根據活動網頁的連結次數來計算），乘上決定報名活動的比率和活動當天的參加率，得出的數字就是活動的參加人數。

舉例來說，有一千位社群成員瀏覽過活動的資訊網站，其中有百分之五報名，而實際參加活動的報名者為百分之八十，那究竟有多少人呢？

1000人（流量）×5%（報名率）×80%（參加率）＝40人

套用公式來計算，可以得出有四十人參加活動。

要增加活動的參加人數，只要把焦點鎖定在「流量」、「報名率」、「參加率」上，想出能使這三個元素最大化的方法就可以了。

那麼，具體該怎麼做才能增加各個元素的數字呢？

實際的實踐方式會因活動的公告時機、活動期間、距離活動開辦的日數而不同。後面就來說明提高各個元素數字的方法。

大幅提升流量的技巧

要讓活動網頁的連結數最大化，重點在於掌握活動前後的流量如何推移，這是最顯而易見的變化。

請各位參照87頁圖3「活動公告期間與活動報名件數的推移」。

這張圖表整理出在Peatix召募參加者的活動，從活動網頁公開到舉辦當日的報名件數推移平均值。橫軸為天數，縱軸為報名件數。

我們將這張圖表整理成三個階段，方便各位理解。

從網頁建立到活動當日的報名推移

・公告期：資訊公開日～一週內
・停滯期：資訊公開後第二～四週
・加速期：舉辦日一週前～當日

重點在於，這三個階段各自該做的動作不同。要配合這三個階段採取因應的對策。

公告期：資訊公開日～一週內

這段時期，是以社群的成員和以往參加過相同活動的人，也就是與社群關係較密切的人為中心，會有大約相當於報名總數的三分之一、百分之三十五的人報名。

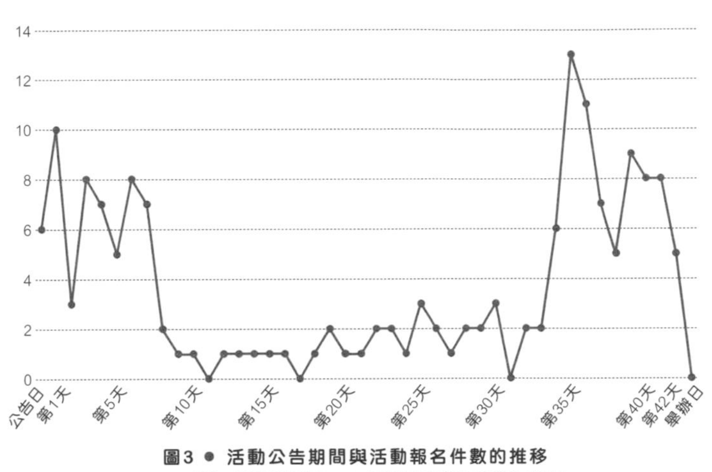

圖3 ● 活動公告期間與活動報名件數的推移

Peatix製作：根據實際利用Peatix舉辦的多場活動平均值製成圖表

在這段距離活動當日還很久的時期，最容易吸引到的就是社群成員、以前參加過同一主辦者活動的人，以及和主辦者關係親近的人。

在這段期間除了活動內容以外，也要透過社群媒體、部落格、電子報等管道，多多宣傳活動的理念。

停滯期：資訊公開後第二～四週

這段期間的報名件數非常少，對活動主辦者來說也是一段胃痛的時期。根據經驗，大約會有三週的期間，只有報名總數約二成

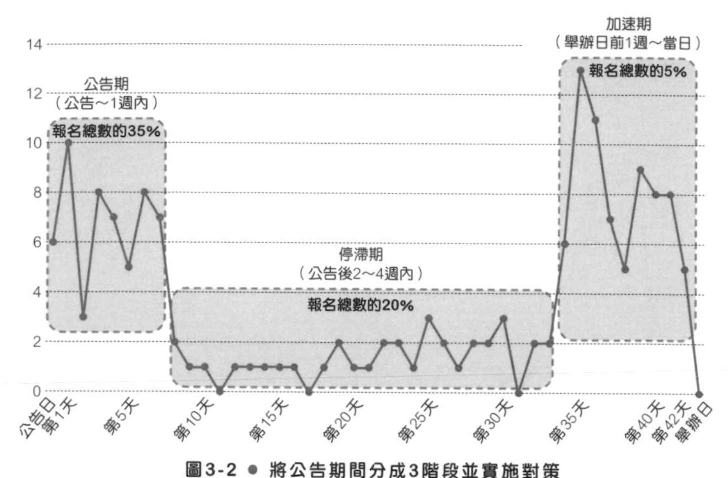

圖3-2 ● 將公告期間分成3階段並實施對策

Peatix製作

的人報名參加。只要事先做好這個心理準備，精神應該就不會太緊繃了。

在這段時期，很多人還不確定自己活動當天的行程，所以無法決定是否報名。此時就算不停召募觀眾，也不太會得到預期中的效果。

不過，這段時期的對策非常重要。在停滯期，千萬不能忘記那些還在考慮是否參加活動的人，要持續不斷地對他們發布資訊。在似乎對活動感興趣的人看得見的地方繼續傳達訊息，雖然這段時期的宣傳效果不彰，但還是要繼續踏實地努力。

具體而言，可以採取以下形式，每週一、兩次宣傳活動。

首先，主辦者公告活動的概要。舉例來說，每決定一位活動的登台嘉賓，就要用社群媒體或電子郵件公告「新環節確定！」詳細宣傳活動環節和登台嘉賓的資訊，表現出活動將會非常熱鬧的期待情緒。這對於考慮參加的人來說會非常有吸引力。

同時，主辦者要在部落格上發布活動蘊含的理念，不只是主辦人自己寫文章，也可以事先採訪活動嘉賓、寫成報導刊登上去。

此外，事先與嘉賓討論的狀況、活動當天提供的餐點（外燴）和飲品等資訊，也都要發布出去。詳細傳達活動相關的各種訊息，可以使活動的樣貌顯得更加立體，提高參加者的期待。

請登台嘉賓幫忙對外宣傳演出的消息，也很有效果。主辦者以外的人發布活動資訊，更能展現出活動的熱度，也能善用嘉賓本身的人脈網路，讓他的粉絲、熟人、朋友眾所皆知。

正因為是停滯期，才更需要將資訊傳遞給考慮參加的人，以及還沒有聽說過活動的人。這段時期的動態，會大幅改變整體的集客狀況，所以一定要完善應對。

◎加速期：舉辦日一週前～當日

在這段期間內，將近報名總數一半、百分之四十五的人會決定參加。進入這段時期後，考慮參加的人已經確定自己在活動當日的行程了，所以可以判斷自己是否有空參加。此時，集客速度會頓時大增。

主辦者要在這段時期，善用社群媒體等媒介，將活動資訊傳遞給考慮參加的人。和停滯期一樣，請登台嘉賓幫忙宣傳活動訊息也是一個方法。主辦者用自家的社群媒體官方帳號，在上面標籤加註嘉賓的名字、發布活動資訊，就能將資訊傳播給更多人。當活動日期愈來愈接近，社群經營者往往會不知不覺將注意力集中在當天的準備工作，但也要好好掌握這個最後能將流量衝到最大限度的機會。

倘若不熟悉活動的營運工作，很容易從活動召募開始到當日，都一味採取同樣的作法。但是，只要配合各個時期採取不同的對策，集客的成效就會大不相同。

賦予文案巧思，提高報名率

解說完流量之後，接著我們要來談談提高「報名率」的技巧。

「報名率」是指看過活動資訊的人當中，實際上有幾成的人報名參加，如果要將它最大化，就必須將活動網頁編排得足夠吸引人。

在製作網頁的階段，不僅要充滿誘人資訊的「內容」，也要顧慮到能使人產生興趣的「外觀設計」。構思網頁時，最重要的就是辨識度，其中「活動名稱」和「封面圖片」是大眾判斷是否報名的一個重大依據。接下來就請大家比較以下兩個活動名稱方案。

A：給主辦的「活動集客講座」

B：〔免費參加〕活動的集客專家現身說法！為何別人家的活動都能爆滿？

你覺得大多數人會對哪一場活動感興趣呢？肯定是B更能引起大家的興趣吧。

吸引人的活動名稱

要想出一個可以直接吸引觀眾的活動名稱，有以下兩個重點。

·展現活動的特色和形象

·注意在智慧型手機上顯示的狀態

要展現活動的特色和形象，最重要的是名稱。理想的名稱能讓人一眼看出活動的魅力，像是「會有哪些收穫」、「活動的氣氛是否愉快」、「是否能令人興奮」、「有沒有免費、早鳥優惠等划算的感覺」、「有哪些登台嘉賓」等等。要儘量把這些元素通通都包含進去。

下一頁，就來介紹幾個出色的活動名稱範例。

構思活動名稱時，注意名稱在智慧型手機上的顯示狀態也很重要。

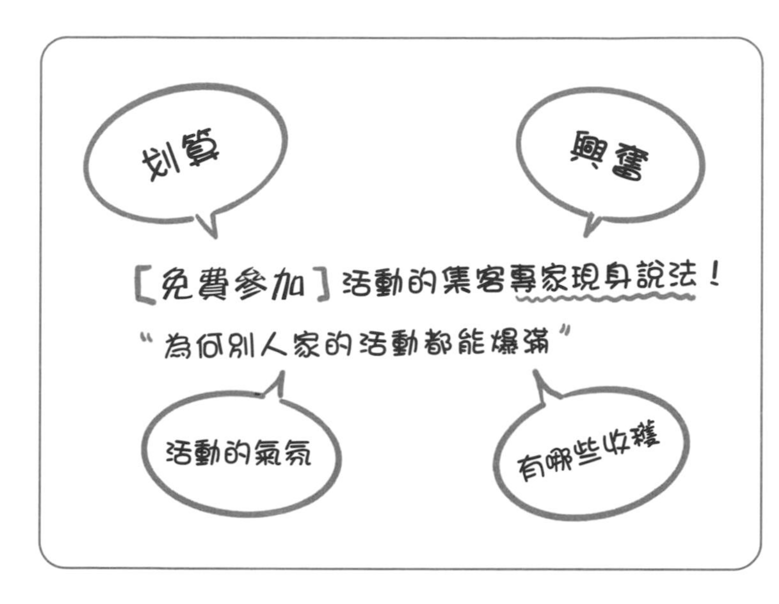

- 【免費・緊急線上對談：3/30 19：00開場】新冠肺炎衝擊下的社群活動將何去何從！？
- 【免費參加！】請教當紅的學生活動企劃專家！「為何別人的活動都爆滿？」活動沙龍 in 慶應義塾大學
- 吃肉配啤酒的減肥之夜！？　附啤酒喝到飽和肉類餐點・飲食×健康的娛樂！
- 醞釀強勢文化的公司內部宣傳——貼身採訪支撐企業改革期的公關人員 PR Table Community #21
- 活動主辦人必看！活用Zoom的線上活動技巧大公開 專家對談＆微型演唱會

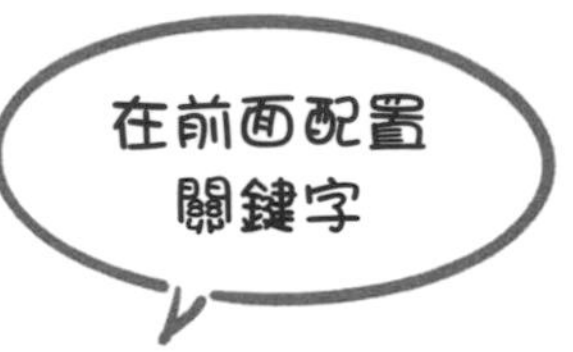

[免費參加]活動的集客專家現身說法！

為何別人家的活動都能爆滿？

:活動沙龍

限45字以內

手機畫面上的字數要是太多，後半部就不會顯示出來。所以活動內容和重要的關鍵字要盡可能放在名稱前面；活動的系列名稱（像是「第1季」、「第3屆」之類）則是要擺在最後。另外也要儘量在名稱中塞入更多資訊。

現代大多數人都是靠智慧型手機來觀看活動資訊，所以在公告活動名稱以前，一定要仔細確認它在手機上顯示的狀態。

精選封面圖片，傳達故事

放在活動公告網頁頂端的封面圖片，也需要花點技巧製作。

製作封面圖片時，要注重「吸睛度」、「信賴度」、「雀躍感」這三個元素。不過，和活動無關的圖片（例如舉辦行銷講座，卻放海洋的圖片）會使人無法直接聯想到活動內容，幾乎沒有促進報名率的效果，要多加留意。

◎封面圖片包含的資訊

- **名稱**
- **舉辦日期時間**
- **可聯想內容的插圖或圖片**

如果是講座和座談會的話，圖片裡放上登台嘉賓的照片會更有效果。這樣可以讓人更具體想像是什麼樣的人在台上講話，會更積極考慮是否參加。

如果是製作作品的工作坊，那就在圖片上放出完成的作品或材料的照片。令人垂涎

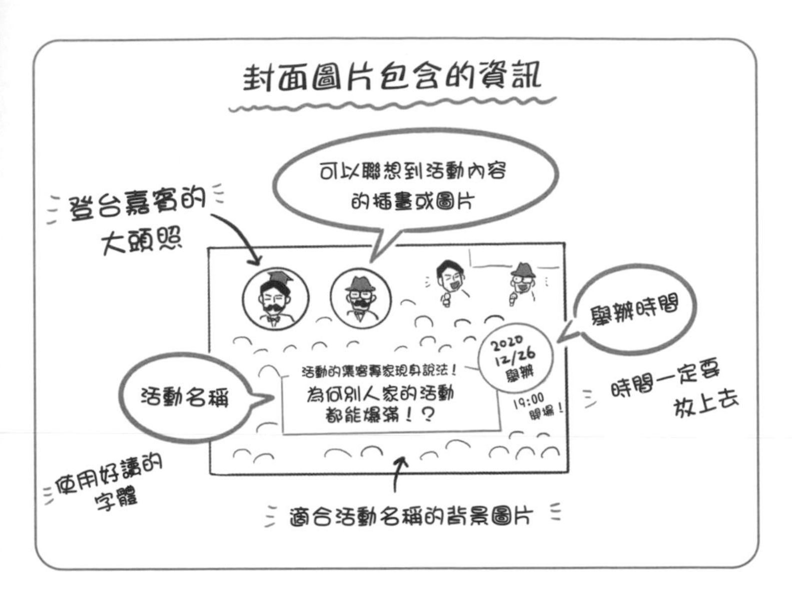

欲滴的料理、插花藝術這些具體的照片，都能成為吸睛的重點，集客效果更好。

或許有人不太熟悉影像處理的工作，會擔心「做不出漂亮的封面圖」、「沒有設計師哪做得出圖片」。

所以，這裡就來介紹製作封面圖的方法，讓新手也能夠簡單且免費做出吸引人的圖片。

開始製作圖片以前，首先來了解建議的圖片尺寸。圖片的建議大小會因Peatix或臉書等刊登活動頁面的網站而異，如果是Peatix的封面圖，建議尺寸為九二〇×四五〇像素。

運用平面設計工具「Canva」

Canva是可以免費使用的設計工具，包含了照片、插圖等等，各種模版圖片和字體應有盡有，可以簡單做出活動的封面圖片。假設你要做一張Peatix用的活動封面圖，只要在搜尋欄裡打出「Peatix」，搜尋結果就會顯示出符合建議尺寸的設計模版，從中選出一個喜歡的模版、輸入圖片和文字以後，就能輕易做出吸引人的封面圖片了。

活用簡報軟體

PowerPoint和Keynote這些平常用來做簡報投影片的軟體，也可以用來製作封面圖片。只要運用製作投影片的竅門、插入圖片和文字，將完成的投影片另存成圖檔就完成了，非常簡單。

付費與免費的實際參加率

我們再來復習一下活動參加人數的計算公式吧。

「流量」×**「報名率」**×**「參加率」**＝**「活動參加人數」**

使活動參加人數最大化的三元素，最後一項是將活動當天實際前往會場的人數比例，也就是「參加率」最大化的方法。

◎付費與免費的差異

如果想提高參加人數，那活動應該免費還是付費才好呢？答案是最好免費。實際上，免費活動的報名件數有增加的趨勢，不過論及當天的參加率，那就是另一回事了。免費的實體活動，會因為下雨之類的小狀況而導致參加者減少。

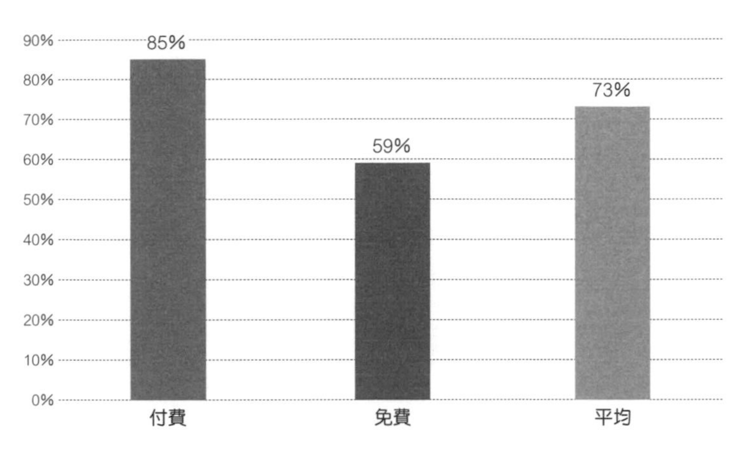

圖4 ● 付費活動與免費活動的當日參加率差異

Peatix製作

上方圖4，是從利用Peatix曝光的活動資料分析得出的結果。比較一下付費活動和免費活動的當日參加率，會發現先收報名費的付費活動參加率為百分之八十五，而免費活動卻只有百分之五十九。

如果你很重視活動當天的參加率，那就可以考慮辦付費活動。

○免費活動要避開週三、週五

圖5比較了實體活動在一星期中各日的付費、免費的參加率。

已事先繳清費用的付費活動，不論在哪

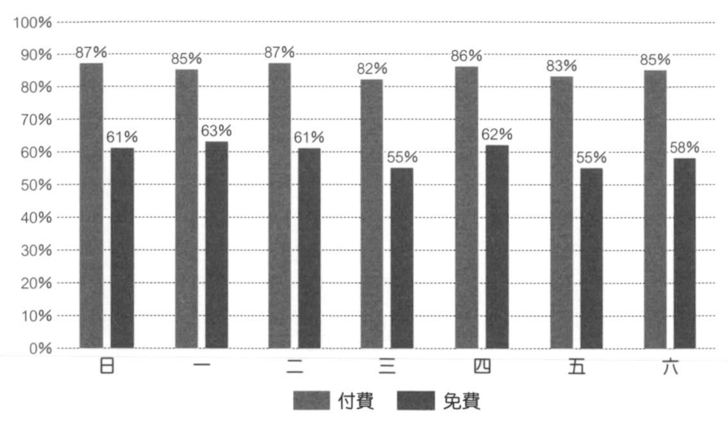

圖5 • 實體活動每週各天的參加率差異

Peatix製作

一天舉辦，參加率都落在百分之八十五左右。

但另一方面，免費活動卻有明顯落差，週三和週五的參加率低到只有百分之五十五。

根據分析結果，週三和週五通常是各企業公司的「不加班日」或「最終營業日」，員工通常都已經排定傍晚下班後的行程。所以，建議免費活動儘量不要選在週三和週五舉辦。

注意免費活動的開場時間

圖6是實體活動各個開場時間的參加率差異，從這張圖也可以看出，付費活動的參

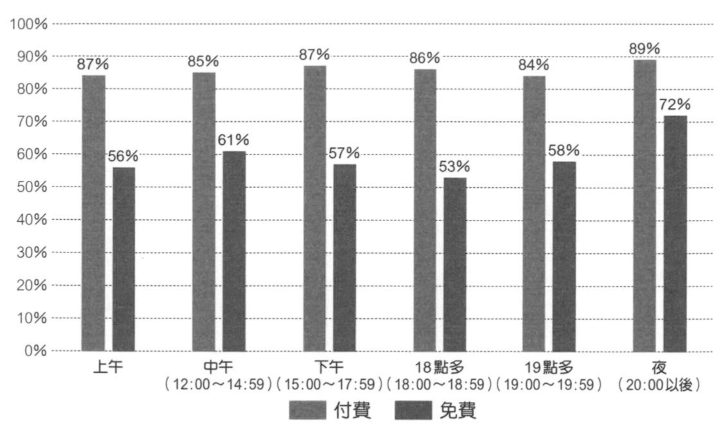

圖6 ● 實體活動各個開場時間的參加率差異

Peatix製作

加率不太會受到開場時間的影響。

但是，免費活動如果設定在傍晚六點多開場，參加率就會大幅下降；但設定在晚上八點以後開場，參加率就會明顯上升。

最適合辦活動的日子和開場時間，會因活動的內容和參加者屬性而異。各位可嘗試各種模式，找出最適合自家社群的條件。

活動日前務必信件提醒

接近活動舉辦日時，要傳送提醒訊息給已經報名完成的人，告訴他們「活動終於要在明天開始了，恭候各位光臨！」以提高參加率。這時，如果能在訊息中附上活動會場的交通方式和注意事項會更好。

當日的直通率（實際參加人數相對於活動報名總數的比例），也是評估集客人數目標的重大指標。如果不寄送提醒訊息，免費活動的參加率可能會比預期的參加人數要低上許多。

而且，事先將參加率當作一個指標，比較容易預測當日的入場人數。比方說有一場免費活動，報名人數有一百人，但直通率（參加率）只有百分之五十的話，當日的參加者就只有報名總數的一半，也就是五十人而已。如果希望活動當天能有一百人入場，就要考慮直通率、設法調整報名總數。假設預估的直通率為百分之五十，但你希望當天能有一百人參加的話，那報名總數就需要二百人。要考量直通率，設定集客的目標人數。

到目前為止，我們已經介紹了提高社群熱度的活動企畫和具體的集客方法。只要各位逐一穩健實行，這些門檻一點也不難跨越。請從你可以運用的部分開始實踐吧。

3

帶起
活動熱度
的方法

這一章，我們要解說的是當日為了炒熱活動氣氛的運作方法，以及最近迅速增加的線上活動營運的技巧。

活動是可以讓社群成員相聚的難得機會。只要提高活動的滿意度，參加者就會更熱心投入社群活動。反之，若參加者對活動抱有負面的印象，就會逐漸遠離社群。為了避免讓你長久以來的準備付諸流水，面對活動最好要求萬無一失。

打造可自在發言的環境

活動當天的注意事項有以下兩點。

- **提高心理的安全性**
- **重視溝通交流**

心理的安全性，是指在社群中不需承受人際關係的風險，可以盡情表達意見、隨意行動的狀態。

我們在活動中會與初次見面的人交流，如果現場有言行舉止旁若無人、無法體貼他人的人，我們的心理安全性就會低落。

假使在工作坊裡，有個參加者總是固執己見，肯定會使其他人不願意表示意見吧。參加者在討論會中要是缺乏安全感，就不太會當著大家的面，向台上嘉賓提問。如此一來，活動就熱絡不起來了。

有高度的心理安全性，才能建立對等的人際關係，使參加者能夠互相考慮對方的處境再發言。這樣能讓活動中的人際關係變得更圓滑，參加者在社群中也會更積極且自律地行動。

那麼，要怎樣才能提高參加者在活動中的心理安全性呢？方法有很多種，像是在活動開始時，可以試著辦一場幫助參加者互相認識的簡單工作坊。只要讓座位鄰近的人彼此花一、兩分鐘聊聊參加活動的目的，戒心就會下降許多。

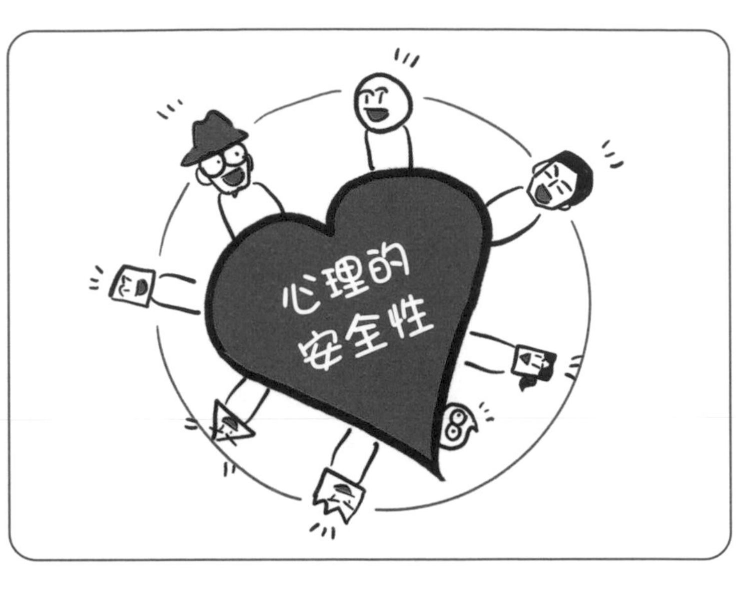

一對n型和討論會型的活動中，經常會發生嘉賓在台上講完後徵求台下的觀眾發問，但卻沒人舉手的狀況。

畢竟在大批觀眾中舉手發問，難免會讓人感覺到心理障礙。

所以，最近也有愈來愈多活動，會運用Slide或Google試算表等網路服務，讓參加者可以任意填寫問題和意見，花點巧思方便他們放心自由提問。

主持人瀏覽這些網路工具裡出現的觀眾提問、隨時向台上嘉賓發問，只要這麼做就可以強化觀眾參加活動的意識。當問題一一提出，參加者的心理安全性就會提高，使活動氣氛熱絡起來。

除此之外，為參加者之間、參加者和主辦者、參加者和嘉賓分別安排交流的時間也很重要。

在實際的活動中，一對n型和討論會型的舞台活動結束後，通常都會召開聯歡會等輕鬆聚會。除了聯歡會以外，活動開場前以及中場休息時間，也都是參加者互相交流的難得機會。

但是，如果單純只是安排交流的時間，並不會促成參加者彼此間的關係更加深入。因為參加者都會不下意識地只跟同行者熱絡聊天，或是低頭顧著滑手機，不太會主動找陌生人攀談。

解決這個狀況的方法，就是**主辦者明確提出交流的規則**。

在活動開始前、中場休息時間、聯歡會時，主辦者要明確要求所有參加者彼此交談，或是講明交流的規則，讓大家都能放心交流。

具體來說，可以嘗試以下這些方法。

◎開場前貼上「名牌貼紙」

可以在報到處將貼紙交給參加者，請他們當場寫上「姓名、任職公司、參加活動的理由」，貼在胸口作為識別用。活動全場的人都貼上名牌貼紙，在聯歡會中也比較容易抓到話題的開端。

◎延長休息時間、鼓勵大家閒聊

休息時間不要只有五分鐘，建議安排十～十五分鐘。準備進入中場休息時，如果活動主辦者呼籲大家「踴躍和來賓說話」、「各位可以交換名片」鼓勵大家交流，參加者會更容易打開話匣子。只要多說兩句話、指引大家去拿飲料或上洗手間，參加者就會動起來，形成一個溝通交流的契機。

◎聯歡會上最有用的「小精靈規則」

聯歡會上最有效用的交流方法就是「小精靈規則」，這在書末收錄的「101招炒熱活動的神技」當中也會介紹，不過這裡先談一下。這是指在聯歡會上和別人交談時，一定要預留讓別人加入的空位。幾個人圍成一圈交談，會讓其他人很難加入話題。為了避免這種狀況，我們才會想出這個規則，方便大家輕鬆加入各種話題圈圈。

重點是主辦者也要在聯歡會開始以前向大家說明這個規則，鼓勵參加者踴躍加入其他交談的人群。

近期竄起的線上活動

線上活動隨著新冠肺炎的疫情擴大，而有迅速增加的趨勢。

參加者群聚的實體活動停止舉辦，大多數都已切換成線上活動。起初，活動主辦者大多都是在困惑中辦完線上活動，而且一度深信線上活動只是暫時代替實體活動的配套措施，但如今這股認知正在逐漸改變。許多活動主辦者，都已經發掘出網路線上活動不同於線下的獨特價值。

「只要巧妙搭配實體活動和線上活動，溝通交流就會比以往更加活絡。」

——這股思想正逐漸廣傳開來，可以預見即使在新冠疫情的亂象穩定下來以後，線上活動也依然是常態。

日本於二〇二〇年四月七日發布緊急事態宣言以後，Peatix的線上活動刊登筆數比去年多了一百倍以上（二〇二〇年五月時），再比較二〇二〇年四月和五月的數字，每週的線上活動刊登筆數則增加了一・六倍以上。

線上完結型

不過，應該還是有很多人不習慣線上活動的方式吧。所以，接下來我們要詳細解說線上活動從企劃到舉辦的方法。

線上活動大致分為兩種。

一種是實體活動併用型。這是將活動會場實際進行的內容，在網路上即時轉播。它最大的優點，是偏遠地方的居民，還有因為工作、小孩或健康因素而無法親自蒞臨會場的人也能參加。

另一種則是線上完結型。這並不是與活動會場同步舉辦，而是完全只靠網路直播的方式完結。其中包含單方面轉播來賓座談會的形式，也有利用Zoom或Google hangout

等網路會議平台，讓參加者可以互相交流的方式。

但不論是舉辦實體活動還是線上活動，目標都不會改變。也就是說，活動的目標一直都是盡全力讓主辦者與社群的參加者有個深入交流的機會，並找出對社群運作有共鳴的合作對象。

話說回來，**實體活動可以將主辦者的熱情充分傳達給參加者**。雖然能親自前往會場的參加者人數十分有限，但如果希望主辦和社群成員雙方能夠深入交流，還是建議舉辦實體活動。

線上活動雖然傳達的熱情不如實體活動，但好處是可以讓更多人共襄盛舉。線上活動也比實體活動更容易在社群媒體上推廣，只要點擊一下就能輕鬆參加，可以將社群的願景傳播給形形色色的人。涉及的範圍愈廣，對社群活動表達興趣的人就愈多，可以增加更多可能成為社群成員的新人。如果想要尋找更多有共鳴的合作對象，線上活動的效果更佳。

轉播現場，線上免費共享

最近陸續出現了不需要特殊的設備，也能免費且輕易轉播活動的網路服務。雖然轉播的大前提是活動經營者、參加者都需要有連線穩定的網路環境，但參加者不必親臨會場，也一樣能享受活動。

不過，通訊環境和機材狀況可能會導致無法播放、無法收看的風險，如果能事先整頓好因應意外狀況的配套措施，就能將當天的亂象控制在最小限度。

◎可免費使用的網路廣播服務

可用於舉辦線上活動的知名影音播放平台，有以下這些（二〇二一年十二月時）。

・臉書直播

- YouTube直播
- 推特直播
- Zoom（免費版的限制為百人以內團體會議上限時間四十分鐘）
- StreamYard（付費版可同步於臉書直播、YouTube直播、推特直播等多個平台上轉播）

線上活動的舉辦流程

舉辦線上活動需要準備什麼呢？這裡我們就來說明舉辦線上活動的大致流程。

線上活動的型態包含瑜伽、肌肉訓練等健身美體類型，或是學習、音樂、藝術、美食等文化課程類型等等，有各式各樣的形式。而本書是聚焦於與商業經營相關的線上活動實施方法。

線上活動是依以下這些步驟來規劃。

①決定活動型態和播放工具
②決定內容（編排、登台嘉賓、組成元素等等）
③製作活動宣傳網頁、招攬觀眾
④通知觀眾收看的方法
⑤測試線上播放的環境
⑥活動正式上場

整體的流程和本書前面介紹過的實體活動並沒有太大的差別，只是會多出線上活動特有的程序，像是必須決定活動的組成元素、通知觀眾收看的方法，以及包含登台嘉賓使用的硬體在內、測試線上播放的環境等等。

這些過程乍看之下很複雜，不過③以後都是單純只要動手就好。不同於實體活動，如果想發揮線上活動的特性，那麼需要動腦筋思考的只有①的型態和②的內容（編排、登台嘉賓、組成元素等等）而已。

只要線上活動的氣氛熱絡起來，參加者就會產生當事人意識，把活動當成自己分內

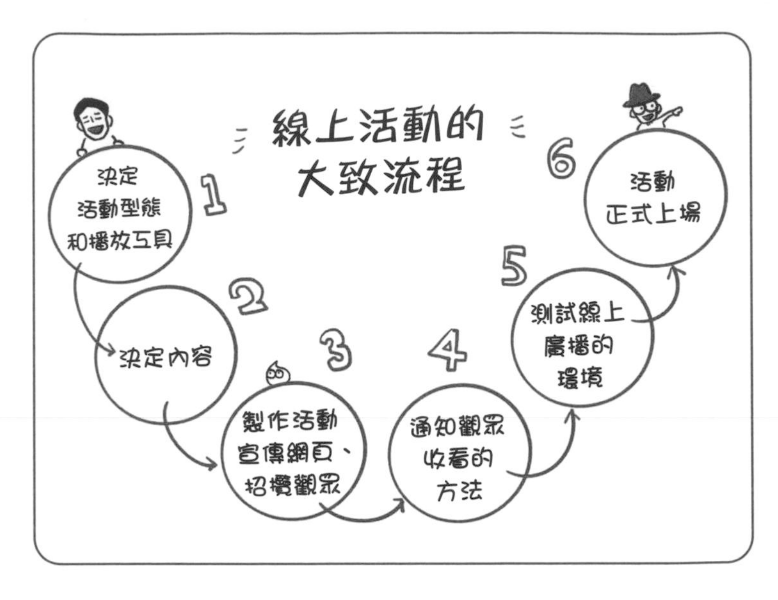

的事來享受。如果活動一點也不有趣，參加者很快就會覺得無聊而離線了。

線上活動和實體活動不同，參加者是透過螢幕收看，可能會邊開著電腦觀看活動，同時滑手機看社群媒體、吃飯、和家人交談等等。

在線上活動「一心二用」的人非常多，倘若活動不有趣，他們馬上就會離線。

所以，活動必須隨時吸引螢幕前方的參加者注意。這就代表了線上活動比實體活動更講求有趣的內容。

重要的是，讓觀眾體會到實際參加活動的感覺。活動必須設法安排嘉賓和參加者一起討論、醞釀出樂在其中的投入感。這感覺好像很難，但事實上只要花點巧思，就能幫助參加者融入活動。

線上活動的型態

線上活動總共有四種型態。要根據活動的規模和目的，選擇最適合的形式。以下彙整出它們各自的特色。

◎線上講座

線上講座就是在網路上播放的講座活動。這是只有報名者才能收看的私密廣播型態。過去的講座和課程，多半都是播放講師單方面對學生授課的內容，不過最近也有愈來愈多學生可以發文的雙向互動式線上講座。

型態	特色	建議規模
線上講座	適合講座、課程這些單向傳播資訊的活動。	10人～
串流直播	即時轉播活動內容，利用留言聊天功能讓觀眾也能加入活動。	無人數限制
錄影播放	播放事先錄好的影音內容，參加者可任選時間收看。	無人數限制
線上會議	嘉賓和觀眾可以互相交流的雙向互動形式。	10人～30人

圖7 • 線上活動的4種型態
Peatix製作

◎串流直播

串流直播是在網路上即時播放影音的型態。這個方法的優點是能傳播的對象比線上講座更多，而且可以搭配運用即時播放和網路的優勢。

在影音播放平台上，如果觀眾也能在留言欄發問或寫下感想，活動會更有一體感。最近的串流直播型活動有快速增加的趨勢。

◎錄影播放

錄影播放是將事先錄好的影音或串流直播的影片，日後公開播放的型態。雖然可以比照線上講座和串流直播的方式收看，但因為是錄影的內容，所以無法進行即時雙向的互動。不過好處是不受活動時間限制，可以讓更多人收看影片。

○線上會議

線上會議是私密且雙向的線上互動型態。活動參加者可以互相交談。如果參加人數較多，最好分成多個群組，以方便交談的人數來舉辦。

善用各種影音播放平台

決定好線上活動的型態以後，接著就配合該型態來選擇播放平台。

這裡來介紹適用於線上活動播放的服務平台，以及各個平台的特色。

Zoom可以搭配YouTube直播、臉書直播、推特直播使用。假設舉辦一場有五位嘉賓的線上活動，嘉賓會個別進入Zoom的會議室裡對話，然後可以透過YouTube直播或臉書直播在網路上播放交談的情景。

觀眾在收看的同時，也可以向嘉賓發問或留言，不只是單純觀看來賓講話，而是可以雙向交流。

如果活用StreamYard，就可以在YouTube直播或臉書直播上同步播放。若希望活動能有更多人收看，或是想在畫面上顯示出標誌的話，可以考慮使用StreamYard（多平台同步播放、客製服務皆為付費版功能）。

此外，要考慮到最多社群參加者使用的服務平台，再決定使用哪一種。例如社群裡的臉書用戶很多，那就使用臉書直播。使用臉書直播、推特直播、Instagram直播時，可以透過自家公司的官方帳號將活動推廣給追蹤者，有助於提高收看的人數。

如果要將影片限定播放給活動報名者，可以使用Zoom，只將播放網址傳送給報名

服務平台	特色	適合的活動型態
Zoom	觀眾和嘉賓可以彼此交流。	線上講座、串流直播、錄影播放、線上會議
YouTube直播	觀眾沒有帳號也能收看活動影片。另有留言功能。	線上會議、錄影播放
臉書直播	可以在臉書的動態頁上宣傳活動，可以簡單發布影片，附留言功能。	線上會議、錄影播放
推特直播	可以在推特的動態頁上宣傳活動，可以簡單發布影片，附留言功能。	線上會議、錄影播放
Instagram直播	可以在Instagram直播的動態頁上宣傳活動，可以簡單發布影片，附留言功能。	線上會議、錄影播放
StreamYard	免費版限制在一個平台上直播，付費版可以在多個平台上同步直播。多位嘉賓可同時連線演出，支援詳細的客製化功能。	線上會議、錄影播放

圖8 ● 線上活動的常見播放工具

Peatix製作

※關於發布的影片是否可作商業用途及其他詳細使用規範，請參照各平台的服務條款。

者；如果是臉書直播，可以在私密社團中播放；推特直播也可以只邀請互相追蹤的用戶加入。

為了讓所有參加者都可以收看線上活動，最好也要確認大家是否都已註冊了該服務平台的帳號，並且在活動開始前發送通知。

線上活動的重點事項

或許很多人以為線上活動和實體活動沒有分別，但兩者的差異還是有很多，像是嘉賓和參加者溝通的方法、活動的推進形式、收集提問的方法等等。

一旦決定在網路上舉辦活動，活動內容也勢必要配合網路模式才行。此時需要思考的有以下五個重點。

・嘉賓的演出地點（所有嘉賓都聚在同一會場，還是從線上參加？）

・參加形式（觀眾單向收看播放的影片，還是可以互相交流？）
・推進形式（活動是以什麼形式進行？）
・是否開放提問（嘉賓是否接受觀眾發問？）
・是否舉辦聯歡會（線上活動是否也會安排聯歡會時間？）

首先，如果所有嘉賓都會集結在同一會場中表演，就要事先敲定網路通訊環境完善的場地，也要確認攝影機和麥克風的數量。基本上，建議麥克風要比照登台人數來準備相應的數量。

接著還要預先決定嘉賓的座位順序，同時也得檢查攝影機取景的範圍，是否足以容納所有到場的嘉賓。如果嘉賓人數較多，可以準備多架攝影機設置在多個定點，以切換畫面的方式播放影片。

很多人會在線上活動的中途才開始收看，不知道嘉賓的名字，也可能跟不上話題。因此在特寫特定的嘉賓時，最好放上事先準備好用大字體寫成的名牌，以便觀眾了解嘉賓的姓名和職稱。

如果是嘉賓在各個不同的地點參加線上活動，要事先檢查通訊環境。Zoom的優點是即使連線有點不穩定，也不會斷訊；但免費版有使用時間和人數的限制，要多加留意這一點。

線上活動當天，建議在正式開場前二十～三十分鐘，由主辦者和所有嘉賓一同在線上檢查通訊環境、聲音和影像。如果影像無法播放，就請嘉賓設定大頭照作為顯示用的靜止圖片；如果聲音太小，就檢查各個設定、請對方更靠近麥克風大聲說話等等，設法改善問題。

如何讓觀眾與登台嘉賓互動

如果是單純播放活動影片，只要從各種服務平台當中，選擇最多社群成員使用的服務即可。部分平台需要註冊帳號並登入才能收看影片，YouTube直播則不需要帳號，只要點擊影片網址就可以直接收看（但需要登入帳號才能留言）。大多數的服務平台，都具備觀眾可以在收看活動影片的過程中隨時留言的功能，這時活動嘉賓和觀眾之間便能建立雙向的交流。

如果需要讓活動的嘉賓和觀眾透過語音功能互相溝通，建議採用提供網路會議服務的Zoom、Google hangout、Microsoft Teams等平台。只要使用Zoom的「分組討論（breakout room）」功能，就能將參加者分成特定的群組，在群組內個別交談。線上活動也能像實體活動中與座位鄰近的參加者交流一樣彼此交談。主辦者能任意進出各個群組，所以也可以舉辦網路上的工作坊，以主持人的身分加入各個群組。

不過各位需要注意的是，參加者在可以發言的環境中參加線上活動時，他們的背景音可能會打擾到活動。假設參加者在家觀看線上活動，麥克風就會收到小孩的聲音或是狗叫聲。因此當嘉賓正在談話時，主辦者可以將參加者的音訊設為靜音，花點心思避免妨礙活動的進行流程。

帶動觀眾，營造參與感

線上活動不同於實體活動，缺點是不易得知參加者的反應。因此，事先思考活動推進的形式非常重要。

這裡有兩個技巧適用於線上活動。

首先是完整回應參加者的需求。**既然不易得知參加者的反應，那就事先調查好「參加者的需求」**。建議在報名時提供問卷，請報名者填寫「想在活動中了解的資訊」、「想問的問題」，並且與嘉賓一起共享這分資訊。這樣談論的話題就能迎合參加者的需求，有助於提高滿意度，參加者也會更專心聽講。

另一個技巧是事前思考如何帶動參加者融入活動。即便活動的主軸是嘉賓談話，也要先決定帶動參加者參與的方法，像是在活動中唸出參加者的即時留言，或是讓大家知道事先決定好的推特「#（主題標籤）」、鼓勵大家在推特上帶著標籤發言。

在線上活動中，很多觀眾都會在螢幕前方吃飯、看電視、陪孩子玩耍，同時參加活

動。所以，如何帶動參加者融入活動是非常重要的環節。

如果是用YouTube直播播放兩小時的線上活動，開場不到一小時，就會有一半觀眾停止收看，或是漸漸開始「一心二用」、同時處理其他事務。甚至有些觀眾會同時收看其他線上活動。

根據我們以往的經驗，全程七十五分鐘的線上活動，會在開場後半小時～四十分鐘達到最高收看人數，接著人數會在五十分鐘後逐漸減少；一小時後，人數會降到只有最高收看人數的六成左右。既然線上活動與參加者拉開了距離，那就更需要花費比實體活動更多的心思來帶動參加者融入活動。

蒐集觀眾提問的三個訣竅

如果線上活動開放觀眾提問，那就要先決定好作法。開放提問主要有三種方法。

首先是事前發問卷募集問題的方法。比方說，Peatix網站可以收集參加者在報名活動時填寫的問卷，請報名者先填寫想要詢問嘉賓的問題，等正式開場後再逐一回答。

第二個方法是使用影音平台的留言功能。有些線上活動的播放平台上，可以讓參加者即時留言。只要在活動當天，告知觀眾可以利用留言功能同步發問，大家就會比較願意留言。

第三個方法是使用提問的功能。在Slido等平台上，可以利用提問專用的功能，收集參加者的意見，也能舉辦現場投票。還可以在Google試算表上建立專用的表單，讓觀眾任意填寫問題。

使用專用工具收集問題時，最重要的是在活動中多次提醒參加者Slido或Google試算表的連結方法，方便他們填寫問題。

舉辦一場線上聯歡會

在網路上也可以像實體活動一樣舉辦聯歡會。利用Zoom或Google hangout等網路會議服務平台，請大家連進專用的會議室裡就可以舉辦虛擬聯歡會了。每個人都能自行準備飲料食物，在螢幕前隨意飲食。最近用Zoom開「Zoom酒聚」的人也愈來愈多，用相同的要領來舉辦聯歡會就可以了。

不過，要是參加人數太多，就會變得很難交流。多人同時說話的上限是十人左右。如果人數超過十個，建議使用Zoom的分組討論功能，分成每組五～八人的群組、各別交流。

線上活動最令人為難的是退場的時機。即便是線上聯歡會，主辦者也要讓參加者明白可以隨意進出群組，不必多心。

由於線上聯歡會不受時間和場所的限制，所以主辦方往往一不留神就會使活動拖得太久。一旦醞釀出很難切入退場時機的氣氛時，就等於是長時間把參加者綁在網路上。

因此為了方便大家自由進出線上活動，主辦者最好每隔一個小時就出面宣布進入中場休息，讓所有人暫時離開線上聊天室，等中場休息時間過後，再開放讓想要繼續參加的人重新進場。

如果是實體聯歡會，不會是十個人聊同一個話題，而是大家各自與身邊的幾個人交談。但是在線上聯歡會，主辦者必須先活用分組討論功能，將參加者依人數分成多個群組，否則就無法讓每個人都說到話。

在聯歡會上，主辦者也要身兼主持人，比實體聯歡會更需要花工夫營造共同話題、避免大家感到沉悶。

持續創造關注，留住觀眾

前面已經提過，線上活動的缺點是不易得知參加者的反應。要讓參加者持續專注在活動內容上並不簡單。

線上活動比實體活動容易實施，但另一方面，要持續吸引觀眾的興趣、提高滿意度的門檻卻很高。**一場成功的線上活動，需要設法讓參加者將活動視為自己分內的事。**後面就來傳授具體的方法。

◎安排嘉賓的出場畫面

在線上活動中很重要的一點是，如何細膩營造出讓參加者容易產生反應的契機。比方說在Zoom的網路會議平台上，可以呈現嘉賓登場的場面。一開始只有主持人露臉，然後請嘉賓在現身的時刻開啟攝影機。嘉賓的臉會頓時出現，可以表現出戲劇化的登場畫面。

雖然這個安排很單純，不過嘉賓登場的畫面，可以製造一個契機促使參加者「鼓掌」。只要主持人鼓勵大家「請各位在留言欄掌聲歡迎」，之後每次請嘉賓登場時，觀眾就會主動發出「👏」、「啪啪（鼓掌聲）」等訊息，炒熱氣氛。

在活動中各個橋段安排參加者能在螢幕前鼓掌或是吐槽的機會，有助於縮短嘉賓和參加者之間的距離。

◎唸出參加者提出的問題或留言

如果要帶動參加者融入活動，誠懇地唸出他們提出的問題或留言也很有效果。舉凡YouTube直播、臉書直播、推特直播等常用平台，都有提供觀眾輸入留言的功能。請觀眾在線上活動嘉賓露面時留言，或是用主題標籤在社群媒體上貼文，都有助於降低他們的心理障礙。

在活動進行時，最理想的狀況是觀眾在留言欄裡陸續附和或發問。所以主持人要盡可能依觀眾提出的問題營造話題，或是請嘉賓回應。

在線上活動中，嘉賓與觀眾互動的情況，和收音機廣播節目非常相似。建議可以像廣播DJ一樣事先募集留言，或現場鼓勵大家留言，一起共同炒熱活動的氣氛。

◎鼓勵參加者分享

主持人要營造出讓參加者自發性促進活動的氣氛。比方說，如果觀眾當中有會做視覺圖像記錄（graphic recorder）的人，請對方畫出活動內容的圖像紀錄並分享給大家，可以使參加者產生一起舉辦活動的感覺，有助於提高一體感。參加者個別開設聊天室，在觀看活動的同時，像是副聲道一樣在旁邊聊天，氣氛也會更熱絡。

只要參加者自發性地炒熱活動氣氛，社群本身的一體感也會更強。因此主辦者要在活動流程中用心引導觀眾自發性地分享，讓觀眾將活動當作自己分內的事。

◎富有人性的談話

正因是線上活動，展現嘉賓的個性才更重要。嘉賓個性愈立體，觀眾也會愈踴躍。

難得有機會舉辦線上活動，大可嘗試挑戰一下自己獨特的作法。像是使用Zoom時，可以將背景改成自己喜歡的圖片。依照嘉賓的出身更換他的背景圖片，也是一種趣味。事先決定主題、準備好中意的地點或喜歡的圖片背景，也有助於延伸話題。這樣或許可以在意料之外的地方，引導嘉賓說出不為人知的軼事。

線上工作坊

可能很多人以為工作坊不可能在線上舉辦，但只要搭配好工具，還是有可能實行。

只要活用線上白板服務Miro，參加者也能在線上用便利貼寫下創意點子、和大家互相分享。如果是人數較多的活動，使用Zoom的分組討論功能，就能建立五～八人的小群組分別作業。

主持人可以任意進出各個群組，但無法像實體活動一樣綜觀全場，所以必須要說明得更仔細，以免有參加者跟不上活動流程。只要工作人員的人數充足，在各個分組內各派一名工作人員協助，應該就能讓參加者放心製作作品了。

營造遊戲性

在多數參加者容易分心的線上活動中，最好加入可以維持參加者興趣的遊戲元素。

有一個方法是使用Slido的專用問答功能，由參加者提議談話的主題。最好事先訂立規則，像是該主題的得票數達到參加人數的八成才會採用。**將參加者帶入活動的行進流程、改變活動的走向，有助於讓他們融入活動之中。**

線上大合照

活動的最後，**記得拍張嘉賓與全體參加者的大合照**。在Zoom之類的網路會議平台上，只要讓全體人員擺好手勢、再用螢幕截圖功能拍照，就算是在網路上也一樣能留下團體合照。

實體活動和線上活動炒熱氣氛的方法都不盡相同，但只要理解各自的特性並分別運用，社群的一體感就會大幅提高。

首先，要將參加者也當作活動的小幫手，讓他們感受到自己是社群的一分子。只要提高他們的心理安全性，溝通交流就會活絡起來，社群活動的熱度也會上升。

書末大方公開了一〇一招炒熱活動的神技，從活動的籌備、正式上場，到終場的善後，每一招都可以現學現賣，希望各位能閱讀一下。

4

克服社群的危機

前面已經介紹完社群的建立方法、活動的企劃和集客等方法。只要實踐第一章到第三章的內容，應該就能成功建立社群了。不過，維持社群也和建立社群一樣講求技巧。

第四章，我們要來介紹社群營運的延續方法、遭遇天災或新冠肺炎等意外狀況的應對方法，以及社群在企業考量下面臨存續危機時的克服方法。

維持社群營運的重點

要延續社群運作，需要考慮以下幾個重點。

①每次主題都要用心構思

②建立與參加者的連結

③維持適當的規模

④保持參加者族群的平衡

⑤注意年度行事曆

如果每一次活動的主題都相同，就會變得了無新意。重複參加卻老是得到相同的資訊，就會降低參加者再訪的意願，變成每次都只有同一批人聚會，使社群的發展愈來愈僵化。

Peatix作為活動主辦者營運的社群，每三個月會舉辦一次「活動沙龍」，而且每一次的主題都不同。有時候會談論活動的「型態」，有時候主題是「慶典」，有時也會探討「五感」。

每次都會變更主題的Peatix「活動沙龍」

Peatix製作

「活動主辦者取向」的核心不變，藉由廣泛的主題設定，就能拓展參加者的視野。

當參加者之間的聯繫更深入以後，社群的熱度就會提高。但要達到這個目的，需要讓參加者在活動開場前、休息時間、聯歡會中都能充分交流。

最近愈來愈多活動是用「乾杯」當作開場。一開始就乾杯，可以紓緩緊張的氣氛，讓大家更容易打開話匣子。只要活動熱絡起來，社群參加者就會在社群媒體上聯絡，平時也會交換資訊。

如果想要確實傳遞社群經營者的熱情，最適當的活動規模大約是三十～五十人。尤其是在社群剛創立的時期，建議規模控制在三十人左右。待社群活動上了軌道以後，再慢慢增加成員吧。

活化社群的法則

要長期維持社群的活力，最重要的是定期從社群外召募新成員。最理想的狀態，是社群的核心成員、常客成員、新成員之間可以取得平衡。

這時各位最好要記住的，就是「三圈社群法則」。這是用「三個圓圈」來掌握社群結構的概念，將社群參加者區分成三個群組。

這三個分別是積極參與活動的「核心成員（圓圈一）」、每隔幾次就會來參加活動的「常客成員（圓圈二）」，以及初次加入的「新成員（圓圈三）」。

當這三個圓圈的構成比例為「一：一：一」時，就能適度活化社群。即使社群整體的規模變大，還是可以依靠「核心成員（圓圈一）擔任社群的支柱，常客成員（圓圈二）擔

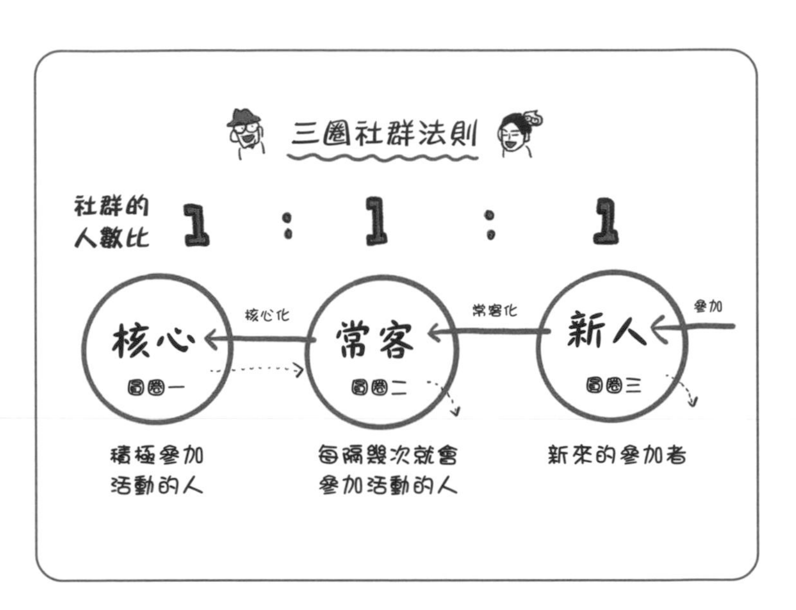

任推動社群的引擎，最後由新成員（圓圈三）帶來新奇的點子和人脈」，繼續維持社群的活力。

另外，在經營社群時，無時無刻都要意識到年度行事曆。

活動並不是曇花一現的煙火，而是活絡社群的一種運作。不斷發布活動和資訊，同時多多和參加者交流，久而久之社群的熱度就會逐漸上升。

當社群只剩下內部自己的小圈圈時，就會停滯不前，新的參加者難以加入，最終導致社群整體衰退。

為了避免社群陷入停擺，必須要定點觀

察社群的狀態。最好定期實施問卷調查、收集參加者的意見，適時修正發布的活動和資訊的內容。

而且，也要收集活動嘉賓和經營團隊的意見，像是嘉賓覺得社群的氣氛如何、經營團隊在意哪些課題等等，聆聽各個社群相關人士的意見，適度調整作法。

建立社群群組所需的心理準備

維持社群運作時，也可以活用社群媒體的社團功能。

但是**在開始建立社群媒體社團以前，必須先做好某種程度的心理準備**。

因為一旦成立社群媒體社團後，就需要以固定的頻率持續更新資訊。這樣不僅需要額外花費心力和時間，而且遲遲沒有更新資訊的社團，社群成員也會一一出走。結果可能會對經營社群的企業品牌造成負面觀感。

如果是臉書社團，就要視覺化呈現社群的動態內容給參加者。

因為社群經營者的貼文頻率，以及參加者對此的反應，都會如實顯現出來。既然要建立社群媒體社團，那就要做好必須經常發文的心理準備。

營運規則明文化

經營臉書社團時，請先將社團的規則明文化。

釐清社群參加者可以張貼哪些內容、需要避免哪些內容，這樣才能讓他們放心加入社團。

像是「新成員要發自我介紹文」、「禁止

商業營利行為」、「不得否定其他參加者的發言」等等。事先將規則明文化，假使出現了違規者，才有憑據警告對方並請他退出社團。

善用社團規則，也有助於活化社群。這裡舉一個特殊的規則範例，媒體顧問市川裕康先生經營的臉書社團「CMC HUB」，將每週三定為「無奇不有日」，規定只有週三開放成員隨意貼文，不管是有興趣的事、想宣傳的消息、自我介紹，通通都可以在這一天發文。

這個安排是特地降低貼文的門檻，讓參加者願意自主加入社群。

經營社群媒體社團需要有專任的人員，如果是一個人獨自負責經營社群的話，還是暫且不要成立臉書社團。先從將活動的狀況分享在社群媒體上，或是在部落格裡發表活動報導文章開始吧。等到活動的參加者提出「希望有個臉書社團」的要求，再考慮成立社團也不遲。

突發狀況的應對策略

要延續社群運作，還必須考慮萬一遇到意外狀況，應該如何應對。

回顧過去十年，日本陸續經歷了大地震、強烈颱風、新冠肺炎等狀況，這些都不是我們可以用能力控制的事。

在活動已經確定要舉辦時，如果面臨這些狀況，應該如何因應才好呢？一旦應對錯誤，很可能會危及社群本身的存續。

如果是天災，其中一個判斷基準就是會場的交通是否中斷。

近年在強颱登陸日本前，交通機關預告大眾交通工具停止運行或減少班次的例子愈來愈多了。如果在活動開場前到參加者準備回家這段期間，大眾交通運輸可能會暫停運行的話，那活動會很難舉辦。為了避免造成混亂，最好及早公告活動停辦或延期。

發生像是新冠肺炎這種肉眼不可見的威脅時，就很難快速做出判斷。如果是國家或各地行政機關要求活動停辦的話，只要遵守規定就沒有問題了。如果行政機關未要求停辦，但當下疫情仍有擴大的疑慮時，那就看自己能否充分做好配套措施，作為判斷是否舉辦活動的基準。

要根據是否整頓好避免「三密（密閉、密集、密接）」的環境，做出對參加者、嘉賓，以及經營團隊來說最安全的判斷。千萬不能因為「都已經決定要辦了」而直接停止思考。

對於花費時間和心力籌備活動的主辦者來說，停辦或延期是最沉痛的決定。**即使如此，還是要做出對參加者、登台嘉賓、經營團隊最正確的判斷。雖然狀況百百種，但只要充分考慮到活動相關人士再做出決定，肯定能獲得社群參加者的支持。**那麼，各位知道在決定活動照常舉行、延期或是停辦時，該怎麼做嗎？

從實體切換成線上

決定照常舉辦活動時，又分成在原定會場直接舉辦的例子、在會場中舉辦並加上線上轉播的例子，以及完全切換成線上活動的例子。

即便最終仍在會場舉辦，也要及早通知參加者活動會照常實施的消息。這樣不僅可以減少觀眾洽詢活動是否舉辦，也能令他們放心。在新冠肺炎傳染病流行時，可以根據狀況請參加者配合，像是要求連日身體不適的報名者避免參加、在活動會場徹底實施手部消毒和佩戴口罩等等。

如果活動需要從實體改成線上轉播，主辦者就要在宣傳網頁上補充說明網路轉播的消息，並儘快通知所有的參加者。這時候的宣傳公告，可以順便說明播放工具的簡單使用方法、無法連線播放影片時的客服聯絡方式；倘若是付費活動，也要一併說明報名費是否會因活動異動而變更。而在活動的當日，建議也要安排一位專門回應線上轉播問題的客服人員。

新冠肺炎導致許多會場的實體活動停辦、切換成線上轉播。在這種狀況下，也要儘快聯絡參加者活動改成線上舉辦的消息。

這時，一定要通知以下這些事項。

・播放工具和簡易使用指南（各工具的新手上路網頁）

・如果為付費活動，要說明參加費或報名費是否變更

・無法觀賞影片時的客服聯絡方式（建議安排專門的客服人員）

・取消報名、是否退費及服務窗口

活動延期、停辦的配套措施

如果決定活動延期，那就要通知參加者以下這些事項。

登台嘉賓較多、難以調整延期後的預定

行程時，或是無法預見意外狀況何時結束時，都無法輕易決定活動補辦的時間。此時，可以告訴參加者「活動決定延期，但目前無法確定補辦的日期，因此暫時取消」。

- **活動決定延期及延期理由**
- **補辦的日期時間**
- **無法於補辦日期參加者可取消，是否退費及辦理手續的窗口**

如果活動決定停辦，和延期一樣都要儘快通知參加者。有些活動的售票平台和集客工具，會在活動停辦後自動聯絡參加者。但主辦者還是應該要額外寄送信件通知，注意用更禮貌周到的溝通方式，告知參加者以下事項。

- **活動決定停辦及停辦的理由**
- **是否有擇日補辦的可能**
- **是否退費及辦理手續的窗口**

克服社群的五大危機

雖然社群能夠中長期持續運作是非常重要的事，但仍有各種突發狀況會影響到社群的存續。

社群危機有千百種，像是參加者關係失和導致社群分崩離析、氣氛不熱絡導致社群衰退，還有自然災害等意外狀況。

不過實際上，危及社群存續最多的案例，恐怕還是社群因為營運企業的考量而被迫結束。

如果公司無法確保社群持續運作所需的預算，或是社群運作的成果沒能獲得夠高的評價，就會遭到內部抨擊指責應當關閉。

後面我們就來說明，當社群在公司的考量下面臨經營困難的「五大危機」時，該如何克服應對。

危機1　理解社群價值的主管因人事異動而離開

這個案例是理解社群重要性的主管因為調職而離開，新主管對於社群活動興趣缺缺。得不到上司理解的社群，可能會被評為「浪費成本、無法增加公司業績」，結果被迫關閉。

對策

新主管上任後，在社群遭受質疑以前先主動上前說明。

這時需要準備的有說明社群願景和營運計畫、社群經營者考察的目標設定等資料，

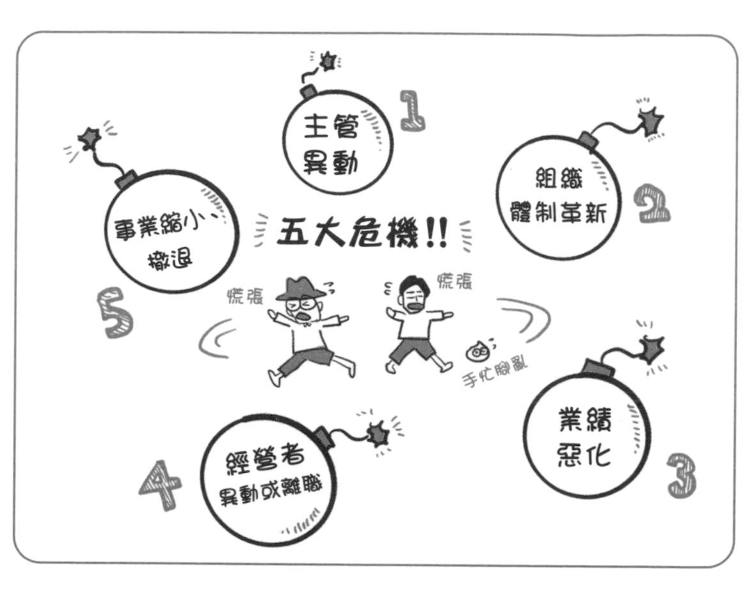

所有與前任主管約定的KPI（關鍵績效指標）與進步狀況相關的文件檔案。要向新主管說明這些資訊，並解釋社群營運的思維和運作內容。

只要能從理論上來解釋社群的必要性、現狀、課題和目標，新主管應該也能理解社群的價值。

社群活動並不會直接衝擊到營業額和利潤，它的優點通常很難用數據來表現，因此在解釋的時候往往會講得很抽象又情緒化。正因為它難以量化說明，才更需要冷靜、有邏輯的解釋（量化測試社群運作效果的方法，詳見第五章說明）。

如果新主管的上司或經營高層能夠理解

社群的價值，可以特地提點出第三者的評價，告訴對方「○○部長也很支持我們」，讓對方明白社群運作的重要性。

危機2 組織體制的革新導致公司內部的後援離開

組織體制的變動或人事異動，可能會使支持社群運作的公司內部夥伴離開。社群突然更換統籌部門也是很稀鬆平常的事。

對策

重新召募夥伴、掌握事業部門中有影響力的大人物。

組織的體制革新後，要和統籌社群運作的新部門負責人或大人物，共同探討社群的願景和政策。**如果必須因體制革新而改變社群願景，那就根據過去的脈絡、考慮更新願景。**

最重要的是在體制革新後，在公司內重新召募社群活動的夥伴。就像當初成立社群時一樣，在公司裡尋找新夥伴吧。

組織的體制革新或更換負責人是公司內部的常態，總不能每一次革新都讓社群陷入危機。所以要以發生劇烈的變化為前提，隨時做好重新尋找社群夥伴的心理準備。

◎危機3　業績惡化導致社群運作無法延續

繼主管異動和組織體制革新之後，最常發生的就是公司或部門的方針改變。企業所處環境瞬息萬變，一旦面臨景氣衰退或業績惡化，大多數企業都會設法控制支出。這時公司政策就會以能夠直接提高營業額的策略為優先，而成本效益不明顯的社群活動通常都會被迫停止。

●對策

避免財務赤字、盡可能不要成為業務裁撤的對象。

社群活動很難明顯呈現出對業績的貢獻效益，當企業的業績惡化時，社群往往會成為業務裁撤的對象。

要避免最糟糕的下場，首先要展現出配合公司經營現況降低成本的立場。社群繼續維持以往的營運模式，但舉辦各項活動時都要避免赤字，展現出社群運作具有成本意識的立場。

當社群經營者向公司報告時，一定要遵循公司業績惡化後的經營方針，設定社群預計達到的KPI。務必要好好思考在公司的經營方針內，社群的運作能帶來多少貢獻，以及為此需要設定多少KPI；如果能進一步構思社群的營運可以為公司的經營危機帶來多大好處，那就更再好不過了。

只要公司判斷社群的存在能對將來的事業擴展有所貢獻，即使大環境再怎麼嚴竣，也不會輕易裁撤社群。

你也可以儘管讓社群的參加者知道社群預算減少的狀況。資訊公開透明，才能收集到參加者提供的建議。坦率表明社群的現況，也能提高社群的向心力。和參加者一起面對現實，做好積極正向的處置吧。

危機 4　社群經營者離職或異動

以事業的立場參與社群運作時，必定會發生人事異動，社群經營者也可能會轉職。該怎麼處理社群經營者離職或異動的狀況呢？

對策

安排寬裕的交接期間，重視新任負責人的作法。

追根究柢，社群最好盡可能由多位負責人一起營運。但近來終於開始受到關注的社群經營，事實上有餘力可分配多名負責人隨時管理社群的企業還很少。在商業社群裡，主要的營運負責人通常只有一位，一旦發生離職或異動，社群就很有可能隨之解散。

如果是人事異動，就會由新的負責人交接。社群的風氣和運作方式往往會直接反映出經營者的個性。所以只要經營者換人，社群的風貌就會改變。為了防止參加者離開，社群交接的工作最好盡可能安排兩個月，否則最少也該有一個月。

交接的重點在於不要勉強繼承前任的作風。後續的社群營運只要培養出現任的作風即可，展現出社群經營者的個性，參加者也會欣然接受。在交接期間，新任的社群經營者要嘗試自己的作法、從舊習慢慢轉移過來。

如果以往都是由單一負責人經營社群，也可以考慮趁機改成多人營運的體制。這樣才能避免社群隨著經營者離去而停止運作、走向自然解散。

◎危機5　隨著事業縮編或退出市場導致社群解散

經營社群的部門有時候會受到公司事業縮編、退出市場的影響，實質上無法繼續運作。如果社群逼不得已只能結束營運的話，那應該怎麼做呢？

●對策

多花心思讓參加者能夠以樂觀的心情告別。

雖然對社群經營者來說很遺憾，但還是要心懷誠意結束這一切。**結束社群的過程，最重要的是經營者必須主動參與其中。**

如果是因為事業退出市場導致社群結束運作，那就向所有參加者清楚說明狀況。只要認真面對參加者，絕大多數參加者都能夠理解。

除此之外，該如何儘量以樂觀的心態結束社群呢？

建議可以籌備「告別派對」之類的場合，將派對作為社群結束營運的時機，為社群參加者營造最後見面相聚的機會。

也可以在社群媒體上舉辦社群同學會，在同學會中融入「即使社群結束了，但大家在這裡建立的人際關係依然會持續下去」的訊息。

相反地，最糟糕的結束方法，就是單方面通知參加者「因事業即將退出市場，所以社群將結束營運」然後直接解散。雖說這是無可奈何的事，但突如其來的通知可能會令參加者感到不悅。

社群的向心力愈強，一旦社群在企業考量下突然消失，參加者感受到的背叛就會愈強烈，甚至對單方面停止社群運作的企業產生負面印象，企業應當要避免社群關閉一事形成負面評價傳播出去。此外，社群自然消失也容易造成負評，往往會廣泛流傳；負面印象一旦傳開，企業與消費者透過社群培養出來的信賴感也就會隨之消失。

這一章整理了社群持續運作的方法、意外狀況的應對，以及危機的克服方法。

大家一定要記住，社群是一種「生物」。它的樣貌會因為所處的環境和參加者而隨時改變，也非常有可能面臨到這一章提及的各種困境。此時的判斷基準，應當是「是否符合社群的目的」。要注意對參加者、合作者、經營團隊來說最誠實的應對方法是什麼，靈活地處理危機。

5

評估
社群活動
的成效

對於工作職責包含經營社群的商務人士而言，最頭痛的問題想必就是如何得到公司的理解。「為什麼我們的業務需要社群？」「經營社群可以提升本業的營業額或利潤嗎？」……。

無法以量化的數字衡量社群價值、讓公司理解其必要性的困難，這些都是許多社群經營者面臨的困境。

可是另一方面，愈是優秀的經營者，愈是能成功讓上司、同事與團隊夥伴理解社群的吸引力，巧妙地將他們攬為自己的後援，並進一步將社群的運作連結到事業的成長和規模的擴大。

這一章，我們將要解說如何客觀評價社群的方法，以便說服公司協助社群成立和延續經營。

經營社群的最終目標

社群活動的成果該如何評價呢？

最大的前提，是千萬不能只用一般事業的ＫＰＩ（關鍵績效指標）來評價社群。

社群營運的最終目的，如果冒然用營業額的增減、活動舉辦次數、動員人數的增減來衡量，結果大抵都不會太好。

舉例來說，一家製造生活消耗品的廠商，如果用「有多少商品銷路變好」這種直接反映在業績上的數據目標，來評估社群經營的成果，應該很難清楚說明它的成效如何。若是付費訂閱制的服務，即使每週都會舉辦活動，顧客也未必會持續增加。

如果想要短期內提高公司的營業額，與其經營社群，善用廣告宣傳反而比較容易立竿見影。

社群經營本來就很難用具體的數字來評價，而且經營起來耗費時間和心力，又不會直接影響到銷售額和利潤。

不過，社群的必要性，在於時代已經逐漸演變成消費者不單只依靠企業單方面提供的功能、價格來選擇商品了。

消費者可以從無數資訊中，選出符合自己價值觀的產品或服務。要吸引這些人的興趣，那就要培養出產品或服務的忠實顧客，集結價值觀相近的同好、組成社群，會更有效果。隨著社群規模愈來愈大，粉絲族群也會愈來愈廣，長期來看，將會緩慢提升銷售額和利潤。

但是只要任職於企業，不管是個人、企劃團隊、部門，都會個別要求達到具體的成果目標。同樣地，社群經營者也需要設定某些具體目標，而且非達成不可。

如果一開始的ＫＰＩ設定錯誤，就無法讓主管了解社群運作的重要性，會令人備感艱辛。

為了避免發生這種狀況，需要妥善設定ＫＰＩ，以量化且淺顯易懂的方式說明社群營運對公司事業的正面價值。

清楚說明社群的必要性和效果的技能，也是社群經理的重要能力。

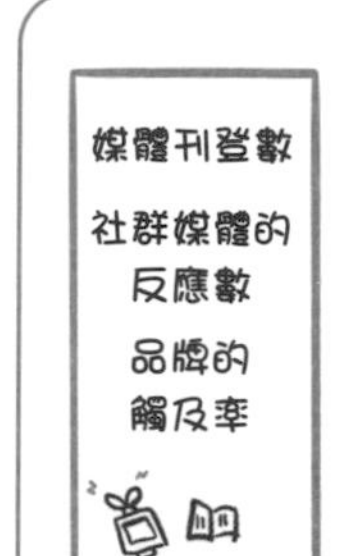

KPI的五種搭配組合

什麼是適合社群營運的KPI呢？商業社群需要設定的KPI有五種。

①品牌管理KPI
②參與數KPI
③影響力KPI
④合作KPI
⑤營業KPI

即使社群營運的最終目標仍是營業額、利潤、增加用戶人數這些會直接影響業績的指標，但是冒然把這些視為目標絕非上策。

建議剛起步時的KPI設定還是要擺脫一般的KPI，以五種KPI中的①～④為主。而且最好是配合社群的目的和熱度，搭配組合多種KPI。

先從「①品牌管理KPI」開始

在社群草創的階段，最優先的是要建立一個讓參加者感覺舒適的場合。要是在剛起步時，就讓社群參加者覺得「一來就被推銷產品和服務」的話，會破壞現場的氣氛，使社群變得十分掃興。

經營初期，一開始要先考慮社群對於產品和服務的品牌管理能帶來什麼貢獻。「有多少人對這個品牌有好感」、「能讓多少一般消費者變成忠實顧客」請將這些指標視為社群的初期目標。

KPI也要依循這個基準，設定後面這些指標。

媒體刊登數

計算產品、服務和品牌出現在報紙、電視、雜誌、網站等公司外部媒體的次數。規模愈大的媒體，刊登後所造成的影響就愈大。如果能夠招攬媒體相關人士加入社群，或許可以依時機請對方幫忙撰寫社群活動內容的報導文章。

社群媒體的反應數

在推特、臉書、領英、YouTube上，都備有流量分析的儀表板，可以測量文章、影片、照片在發表後傳播給多少人。其中有「按讚數」、「轉貼數」、「分享數」、「瀏覽數」、「留言數」等各項指標，觀測這些數字，來衡量有多少人知道這個社群就行了。

品牌的觸及數

想知道觸及率，就要利用影音轉播活動內容，然後測量觀看人數。如果是透過自家公司網站報導活動內容，就調查頁面瀏覽次數，計算合計共有多少人看過社群運作的內容。累積這些數據，可以提高社群認知度，增加更多粉絲。

品牌管理ＫＰＩ雖然策略簡單易懂，但同時也稍微缺乏「直接帶動事業成長」的說服力。為了解決這個弱項，建議可以第二指標的參與數ＫＰＩ一同搭配，設定為社群經營的目標。

測試滿意度的「②參與數KPI」

參與數KPI是測量社群的運作，與社群參加者滿意度的關聯有多密切的指標，也可以說是測量社群參加者對社群的感情深度。

◎社群參加者的支持率

這是測量參加者對社群有多少感情的指標。透過問卷等方式，量化評估作為社群主旨的產品和服務支持率。

問卷上要問的不是他們對產品和服務的評價，而是「（對產品和服務的）好感度」。畢竟經營社群無法控制產品和服務的好壞，**社群經營者的工作，是培養出對產品和服務有強烈感情的粉絲**。設計問卷時，可以參考溝通總監佐藤尚之的著作《ファンベース》（筑

摩書房）中，所介紹的「NPS（Net Promoter Score）」指標。

◎社群參加者的活動率

計算社群參加者當中，有多少人積極參與社群運作，也就是社群中的常客比率。

最簡單的方法就是依照「活動出席率最高」、「活動出席率普通但是社群裡的熟面孔」、「在社群媒體社團裡常發言」、「會分享或按讚社群媒體社團貼文」等參與社群運作的程度來分類參加者，分別調查他們占了全體多少比例。從經驗來看，活動出席率高的人只要占全體的百分之十～三十，就能活化社群。

測量社群參加者的支持率和活動率時，也要注意一下成長率。重要的是透過社群營運，發現如何改善社群與參加者之間的交流方式。

測試夥伴人數的「③影響力KPI」

想要使社群快速成長，最有幫助的就是「影響力KPI」。這個指標的依據是社群內有多少夥伴能夠影響大眾。所謂的夥伴，是指對社群的願景有共鳴、願意協助營運的人，**能招攬到多少「對社群有共鳴、願意提供意見」的人，左右了社群的成敗**。要測量社群招攬到多少這種人時，最有效的就是影響力KPI。

從現狀來看，通常都是一人或極少數人負責經營社群。而其中最大的障礙就是孤獨感。由於社群營運的優點無法簡單數據化，所以不少經營者都是努力向主管和同事強調社群的重要性，卻始終得不到理解，結果在公司內受到孤立。

這時最值得依靠的，就是公司以外的夥伴。也可以請夥伴從第三者的觀點出發，向主管和同事解釋社群的重要性。而且話是出自具有社會影響力的人，說服力就會更高，也有助於增加公司內部的夥伴。增加公司內外對社群投入感情的夥伴，不只能夠作為向公司報告的指標，也能以各種形式作為社群的後援。

◎影響力人物的人數

影響力人物是指在特定的業界或領域具有影響力的人。那個人是否為影響力人物，無法只靠臉書、領英和推特的追蹤人數來判斷。重點在於其他人對他在社群媒體發表的文章迴響數，要看那個人的文章得到多少「讚」、有多少次分享和留言，以綜合的觀點來評估。

首先，算一算你經營的社群裡有多少位影響力人物吧。要定期調查，並記錄人數的增減。

當你遇見可能成為社群夥伴的影響力人物時，先設法與他建立社群媒體上的連結，並且在他的文章底下留言、增加網路上的接觸次數吧。或許那位影響力人物會在意想不到的時機，成為你社群的後援喔。

夥伴的人數

這是指支持社群運作的人數。與社群建立關聯的方法有很多種，未加入社群本身、只是單純在社群媒體上分享社群相關文章的人，也能算是夥伴。即便那個人只是在社群媒體上發文訴說社群的用處，他也可能在他的人際網路上募集到未來的社群參加者，所以一定要好好珍惜他。

說服高層最有效的「④合作KPI」

「合作KPI」是與公司事業關係匪淺的指標，也是經營高層也比較關心的數字。

這是衡量社群對公司的事業活動貢獻多寡的指標，分為公司內、外兩種數據。

○公司內部的合作數

這是指社群運作與公司內部的事業有多少關聯的數字。**社群經營者要隨時留意自家公司的專案企畫，一旦發現社群活動可能有助於公司事業營運，就要率先挺身協助。**

比方說，東急集團旗下的iTSCOM（its. communications）公司，業務包含了活動展演型餐廳「東京CULTURE CULTURE」。該店的經營指標之一，就是檢視與東急集團整體的合作件數。如果專門推廣東急集團開發的東京澀谷和東急電鐵沿線社區營造計畫的活動，是在東京CULTURE CULTURE舉辦的話，就會獲得對集團事業有所貢獻的評價。

◎公司外部的合作數

這是指公司與其他企業或組織聯合籌備的企畫、活動等合作案件數。社群只要和在業界擁有影響力的企業、組織或團隊一起活動，公司高層會更容易理解社群的意義。活動上的合作也可能成為一個契機，孕育出新事業或新服務、為雙方建立事業合作的關係。這些成果，都是證明社群活動價值的實績。

公司高層經營事業，都會同時考慮短期成果和中長期成果。只要他們能夠明白從中長期的觀點來看，社群運作有助於事業營運，應該就會願意支持了。

因此，社群經營者要充分理解公司中長期的經營課題，並且向高層展現社群對於人

才養成、新業務、事業合作能有什麼貢獻。只有展現出想藉由社群的運作來解決公司課題的立場，社群才會經營得更順利。

好消息清單

重要的是不斷累積小成果，讓公司內部了解社群的優點。最好能夠讓身邊的人開始認為「雖然變化不明顯，但社群的確慢慢帶來了一些好處」。

因此，社群經營者要製作一份清單，記錄社群運作為公司帶來的好發展，一有機會就傳達給主管或同事。給他們看照片或影片記錄的活動狀況，也很有效果。

只要這些動作日積月累下去，即使主管或同事仍無法理解社群營運的價值，也會覺得「（雖然我不太清楚，但）這似乎也不是什麼壞事，就先這樣下去吧」。直到出現明確的成果以前都要持之以恆，繼續做「好消息報告」，讓相關人士明白社群的存在意義。

用數據提高成效的「⑤營業KPI」

應該很多人都已經能夠想像社群運作的KPI是怎麼一回事了。不過，可能還是有人認為具體的業積才是最有說服力的KPI吧。

的確，活動的舉辦次數、動員數、社群參加者數、提高產品和服務的營業額，這些「營業KPI」也是最容易取得公司理解的數字。如果是具備市場行銷經驗的人，自然會認為「如果社群無法幫助促銷產品，那就沒有意義」。

儘管如此，最淺顯易懂的「營業KPI」之所以要放在最後項目來說明，當然有

營業KPI要「小心處理」!!

其原由。**如果在社群剛起步時就設定營業KPI，大多數人就會因為沒能立即得到成果而陷入苦戰。**

但社群經營者對於銷售額、利潤、產品和服務的使用人數等等，本來就沒什麼控管的餘地。

尤其是在社群剛成立的時候，規模還很小，就算實行拉抬銷售額的措施，也幾乎無法得到預期的效果。

在這種狀況下，若是社群經營受限於營業KPI，即使辦活動或採取其他策略，最終也會變得徒勞無功。如果強行拉抬銷售額或利潤，也很容易忽略對社群來說最重要的創立願景。

活動次數如果都能配合人力、財務資源的話，那就沒有問題，但要是懷著「多辦活動才能提高社群評價」的心態，建議還是不要將活動舉辦次數設為KPI。

活動動員數也是一樣。最適當的動員人數，本來就取決於活動的型態和內容。假設活動原本的目的是募集三十人左右、大家都能面對面交流，但最後卻來了一百人以上，想當然滿意度就會下降了。這樣反而會降低活動的品質，參加者也難免會想離開社群。

「參加人數達到五百人」、「每週一次、一年舉辦了五十場活動」……。

這些簡單好懂的數字的確很有說服力，但數字終歸只是結果，並不是社群營運的目的。要是混淆了結果和目的，就會被數字牽著鼻子走，社群可能也會面臨無法繼續營運的風險。

社群無法只靠追求活動動員數和舉辦次數的策略延續下去。即使這樣可以在短期內增加參加者，但社群整體的熱度恐怕會逐漸下降。

只要企業還將社群營運視為業務的一環，就一定會想要設定營業KPI。但是根據經驗，還是應當要從「品牌管理KPI」、「參與數KPI」、「影響力KPI」、「合作KPI」這些測量間接效果的指標開始做起。

根據這些指標，如何搭配五種ＫＰＩ、設定什麼樣的目標，就交由社群經營者自行判斷吧。

四種活動，維繫社群生命力

社群經營者要積極向主管和同事推廣社群的優點。經營者要具備良好的成本概念，只要公司內部能充分理解社群的運作意義、認同其價值，社群的「生存機率」就會大幅提高。

為了讓社群不會因為「無法預估成效，還是別做了」這種理由而輕易遭到裁撤，建議要腳踏實地繼續實行下列這些動作。

- **用低成本經營社群**
- **活動不可赤字**

・向主管或更高層的主管報告成果

・在管理部門中找到夥伴

後面就來解釋為何這四個活動可以提高社群的生存機率。

假設我舉辦了屬於社群運作一環的活動，然後向主管和同事報告：

「我辦了售票的付費活動，活動本身的收支已經打平了。」

這句話的重點在於「收支打平」。只要有這個詞，公司對活動的評價就會變得特別寬容。就算他們還不了解社群的運作，也會因為「反正又沒虧錢」而不多加追究。

反之，如果每一場活動都赤字，那就要小心了。這樣不管我再怎麼拚命做，也會讓公司覺得「只是同一掛人玩玩而已」、「亂花錢的虧本活動」。一旦讓公司高層對社群產生負面印象，社群的運作也會因為那一丁點的缺失而面臨立刻裁撤的風險。

即使活動赤字，只要設法節省場地租金、售票收錢，花費就不至於太龐大。收支平衡絕非難事。請各位銘記在心，千萬不要讓社群造成明顯的赤字。

同儕支持與否，才是成功的關鍵

經營者營運社群時，很容易不知不覺就把重心放在社群參加者、合作者等公司外部的人脈。

但是，公司內部的名聲，和外部的名聲一樣重要。**只要讓社群的好名聲傳到老闆和主要幹部耳裡，社群的生存機率就會大幅升高。**

當社群要舉辦活動時，經營團隊不能只是事後繳交報告就完事，也要請老闆和主要幹部來現場參觀活動。偶爾邀請他們在活動開場時簡短致詞，或是和知識分子一同上台對談也很不錯。

公司高層裡其實也有不少人喜歡和熱情粉絲直接交流。在活動或聯歡會會場上，安排社群參加者與公司高層直接交流的機會，不僅可以提高社群參加者的滿意度，高層也會感到非常高興。

除此之外，社群是一種新的業務，經常會遇上意料之外的狀況，如果能在公司裡找到人事、總務、經理、法務、公關這些管理部門的夥伴，就會令人放心許多。

「嘉賓的交通費必須用現金清算」、「突然需要嘉賓的參加同意書」、「有媒體聯絡希望可以採訪活動」……。

面對這些狀況時，如果有個可以輕鬆商量的對象，就不必再一個人猶豫不決了。在公司內部建立穩固的橫向人脈，工作的效率也會快速提升。

將公司高層這些「上方」的人脈，與其他部門的「橫向」人脈組合起來，在組織裡增加更多可以幫助你暢行無阻的夥伴吧。

社群營運必備的三項投資

經營社群時，在必要的地方投資也很重要。應當投資的有以下三者。

- **培訓社群經理**
- **善用擁有專業技能的人才**
- **招攬目的相符的參加者**

首先要投資在社群經理的培訓，讓他們進修可提高社群品質的引導（facilitation）技能。從長遠眼光來看，與其外包，不如在自家公司培訓社群經理，更能幫助社群成長。

如果公司裡沒人有經驗，也可以考慮召募新的社群經營者。身為社群經營者的「社群經理」，目前還不是很普遍的職務，有相關經驗的人很少，所以一旦發現理想人才，建議果斷直接錄用對方。

活用＋培育擁有專業技能的人才

招攬目的相符的參加者

倘若很難做到這一點，那就在社群剛成立到步上軌道以前，先委託有經驗的外部人士；趁著這段期間，讓外部人士與公司職員合作共事，在公司內培育出社群經理吧。雙方一起創立社群，讓職員吸收經營社群的技巧。向技巧純熟的外部人士學習怎麼工作，也有助於培育自家公司的社群經營者。

如果社群才剛成立，那也需要投資在招攬參加者。只要社群運作步上軌道，社群經營者就能靠自己去遊說符合社群主旨的人選；但是在社群草創時期，還要慢慢去遊說每一個人，實在太耗費時間和心力了。建議多多善用社群媒體廣告或Peatix的集客方案，來招募社群參加者吧。

5 評估社群活動的成效

6

社群經理的職務與必備能力

負責計劃、實踐從社群的成立到營運的一連串流程，統籌社群整體事務的人，就是「社群經理」。

這一章，我們要來說明社群經理的具體工作、必備的技能，以及心理準備。

社群經理的工作大致分為兩種。

一種是構思社群的願景，並依循願景來計劃、實行、統籌活動等營運策略。另一種是透過與參加者的交流，培育出社群的文化。這兩種工作成立，社群才會產生活力。

展現願景，凝聚社群向心力

社群經理若要制定願景，並以此為核心經營社群的話，需要實踐以下六件工作。

1 制定願景

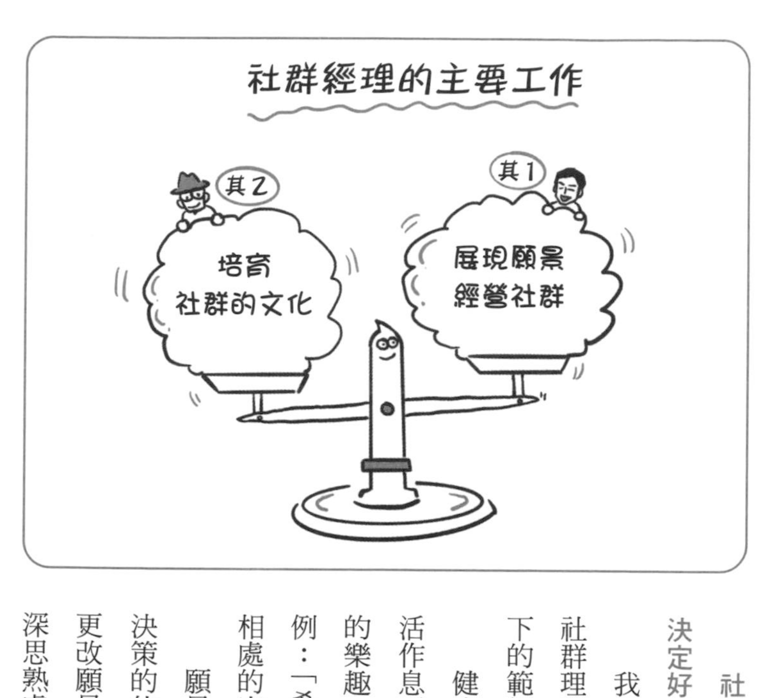

社群經理最重要的工作，就是一開始要決定好願景。

我們在第一章已經說明過，願景是描述社群理想狀態的言語。具體例子不妨參考以下的範例。

健康器材的社群願景範例：「想要讓生活作息不健康的現代人，享受打造健康生活的樂趣。」提供個人金融服務的社群願景範例：「希望能建立一個青年與財富能夠輕鬆相處的富裕社會。」

願景是社群的重心，也是社群各種經營決策的依據。一旦社群成立後，就無法輕易更改願景了，所以社群經理在創立時一定要深思熟慮。

2 制定社群運作的計畫

鞏固願景以後，逐步決定社群運作的計畫來達成這個願景，也是社群經理的分內工作。要具體想像社群的規模和參加者的屬性，用心將願景表現到能夠讓目標族群輕易理解的程度，依循願景推展出要規劃什麼規模的活動、以什麼頻率舉辦等等，制定出具體的計畫。

3 策略的企畫、製作

根據社群運作的計畫，具體企劃活動和內容。社群經理在這裡的工作，就是劃分活動和內容編排的業務，分配給適當的人才，再統整全體。如果是辦活動，那就將業務分配成企劃、嘉賓的調整、集客、主持、會場營運、媒體窗口等等。社群經理不可能獨自一人打理活動的所有事務，所以要徵求社群參加者協助。這也是為了減輕經理的業務負擔，建議還是要分工合作。

最近在網路上轉播活動的作法已經相當普遍了，線上活動也大幅增加。如果要這麼

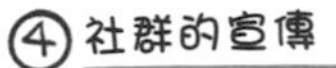

做，勢必也需要編排好部落格文章、影音播放等內容。這些也和辦活動一樣，是由社群經理統整全體業務。

內容的轉播，有時候會因為資訊發布的方法而需要培養專業技巧。比方說，針對在活動結束後擇日發布活動內容的報導文章，相關的編輯和製作業務內容，會根據刊載媒介是網路還是紙本媒體而異；而文字報導、影片、語音等發布形式的差異，也會影響製作的工程。

這些也和辦活動一樣，沒必要由社群經理一個人獨攬眾務。首先從社群參加者當中找出擅長該事務的人選，然後再判斷是要自行製作內容，還是委託專家處理。

4　社群的宣傳

社群一定要有宣傳活動，才能讓想要招攬進社群的對象得知社群的存在。具體來說，發布新聞稿、在媒體上介紹社群、運用社群媒體官方認證帳號等等，都是由社群經理負責。

5　和影響力人物建立關係

對於社群建構而言，與具備影響力的人物建立連結非常重要。影響力的指標包含了「社群媒體的追蹤人數很多」、「發表文章能獲得許多用戶迴響」、「隸屬於業界某知名企業」等等，類型相當廣泛。社群經理需要主動與這些擁有號召力的意見領袖培養人脈，共同企劃社群的營運策略，像是請他們幫忙炒熱社群的氣氛，或是和他們一起舉辦活動等等。

6　與社群參加者交流

社群經理平常就需要在社群媒體或實際的場合上，與社群參加者培養出可以輕鬆互動的關係。

社群經理與參加者之間的往來互動和活動投入，在日積月累之下，會直接構成社群的氛圍和文化。

與此同時，**參加者會透過社群經理的形象，確立自己對該公司的印象**。因此在建立商業社群時，社群經理首先要意識到自己就是企業願景和文化的體現，秉持這個心態與社群參加者交流。

培養社群的文化

社群經理還有一項非常重要的工作，就是建立社群的文化。顧慮社群裡的氣氛，調整出能讓參加者感到舒適的狀態。

社群建立後，各懷心思的參加者會聚在一起、互相交流，久而久之形成社群裡的風氣。這股風氣無法可視化也無法數據化，但確實存在。

就像每個人都有個性一樣，社群也有各自的氣氛。活動的熱度和聯歡會帶動氣氛的方法，也會因為社群而異。

培養出社群自己特有的氣氛，最終就會構成文化。這種文化的建構就是社群經理的工作。

文化會因為社群的規模、狀況、參加者屬性而逐漸改變。即使在社群成立初期，只有少數熱情的參加者聚集，但隨著規模擴大、價值觀各不相同的參加者相聚，熱鬧的氣氛也可能會沉靜下來。雖然這樣能拓展社群參加者的視野，但也可能需要面臨「熱烈的氣氛消失」的事實。

社群經理應當注意的是，社群的文化是否如實反映了社群的願景。要不斷地再三檢驗，盡可能將社群維持在參加者十分滿意的狀態。

社群文化絕不能模仿其他群體來建構。若要孕育出自己獨特的文化，重要的有以下四點。

培育社群文化

1 用言語描述文化

在社群文化的醞釀上，最重要的是參加者的心思。參加者想用什麼方式參與社群？社群經理要用言語描述出參加者加入社群的心理活動，像是「參加這個社群很開心」之類，從中找出每位參與者的共同點。然後再檢驗社群的理想姿態，也就是願景，與實際孕育出來的文化之間是否有落差，並將之化為言語，傳遞給參加者。

2 訂立社群規範

社群的規範要控制在最小限度。重要的是一開始要塑造出參加者不受規則束縛、可以自發活動的環境。

社群規範愈少愈好

但是，價值觀各不相同的參加者聚在一起，總會遇到很多混亂的狀況，這時仍然有必要設立「不可○○」的禁止事項。

好比說「禁止營利、推銷」，在很多社群裡都是明文化的規定。在聯歡會上不斷營利推銷的參加者，也會設法混入社群裡。如果已經警告過，對方卻依然故我的話，只能拒絕他參加社群和活動了。在召募參加者的階段事先明文公告「禁止事項」，就能預防社群內出現營利和推銷活動，社群參加者也能放心。

如何妥善說明、讓參加者能夠自發性採取有良知的行為，也是一大重點。

我曾在參加活動時遇過一件事。當時會

場上聚集大約八十人，參加者人數眾多，但洗手間卻是男女共用，隔間廁所只有一間，數量顯然不夠。於是，社群經理這樣告訴所有參加者：「各位第一次到男女朋友的家裡時，都是怎麼上廁所的呢？請大家以當時的心境來使用洗手間。」

他促使現場所有人都想起任誰都會親身經歷的場面，讓大家都願意保持廁所乾淨整潔。這就是一種可以促進良知行為的說話方法。

● 3 聆聽參加者訴說煩惱

要掌握社群的現狀，只要和常露面的參加者定期交談就可以了。只要參加者感覺到有點不對勁，就針對這個問題妥善應對。

尤其是在社群規模開始壯大的時期，更要特別注意這類問題。「A的聲音很大，會讓其他參加者不敢發表意見」、「有很多不認識的參加者只是來聽講而已」，像這些不滿都很容易浮現。

此時，社群經理要舉辦能讓參加者放心溝通交流的工作坊，或是為新來的參加者安排自我介紹的機會，設法解決這些不滿。

● 4 舉辦「小聚會」聆聽參加者的意見

醞釀社群文化最有效的方法，就是少數人的小聚會。

社群經理要儘量詢問小聚會的參加者「你覺得我們社群應該要朝哪個方向發展才好」。在一來一往的對話過程中，社群的方向會愈來愈鮮明。用言語傳達社群的方向時，如果參加者的動力變得更高，那就有助於醞釀出社群的文化。

社群剛成立時，總會令人想要舉辦集結八十～一百人的中型活動。但要是每一次都舉辦中型活動，經理與成員的交流就會減少，便逐漸無法理解參加者是懷著什麼心思加入社群。**建議在中型活動之間的空檔，舉辦四～二十人規模的小聚會吧。**與參加者交談的次數日積月累下去，社群的文化就會愈來愈鮮明。

發揮引導力，促進成員行動力

社群經理需要一項很重要的技能，就是引導力（facilitation）。Facilitation直譯是「促進」的意思，是指為了使參加者之間達成共識而促使他們行動的過程，好讓群體的成果最大化。

一位出色的社群經理，其特徵就是具備高度的引導能力。在建構社群時，引導力可以在以下這些場合發揮功用。

◎工作坊

參加者討論某個議題的場合，就是工作坊。設計團隊作業的整體內容、指導參加者在時限內輸出成果時，就很講求引導的能力。社群經理在一個多數參加者都互不相識的團體中，需要具備能夠緩解緊張的氣氛、引導大家說出真心話、達成共識的主導能力。

除此之外，像是創意發想馬拉松和程式設計馬拉松，這種推動參加者在固定的時間內研討、做簡報演講的活動，也需要具備引導的能力。

會議

在決定願景和訂立規範等促使社群參加者討論出結論的會議上，也需要引導能力。另外，社群經理也很講求營造出容易發表意見的氣氛、以準確的提問引導出社群參加者意見的技能。

活動舞台上

舉辦座談會時，社群經理要以主持人的身分，引導出登台嘉賓說出符合活動目的和參加者需求的話。

這時需要的能力有兩種。一種是引導對方說話的能力。一位好的引導者，講求能夠仔細聆聽嘉賓談話、抓準時機準確提問，引導出對方真心話的能力。

另一種則是在有限的時間裡，帶給活動參加者滿足感的能力。要是嘉賓離題了，就設法拉回話題，讓參加者不斷提出他們想知道答案的疑問。妥善主持活動流程、促使嘉賓說出只有當下才說得出的話題，就能提高參加者的滿意度。

重視心理安全，扎實培養信賴關係

引導力的目的，是孕育出社群內的心理安全性。在前面第三章也提過，心理安全性是指讓人不會感受到人際關係的風險、可以暢所欲言、盡情行動的狀態。營造出參加者能夠說出真心話的氣氛、願意積極發言的狀態，就能更加活化社群。

美國麻省理工學院組織學習中心創辦人丹尼爾・金（Daniel Kim）教授指出，只要提

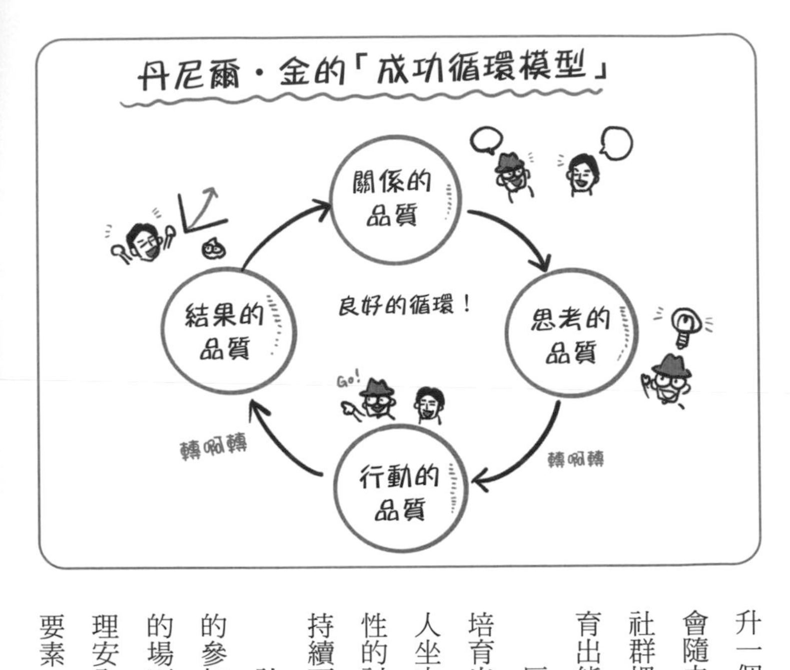

升一個場面的人際關係品質，結果的品質也會隨之提升。在一個能令人放心暢所欲言的社群裡，參加者會變得正向積極，更容易孕育出能得到好結果的意見和創意點子。

反之，心理安全性偏低的社群，便無法培育出參加者之間的信賴關係，擺脫不了令人坐立不安的狀態。這種無法激盪出有建設性的討論、難以表達意見和創意的狀態若是持續下去，最終會導致社群逐漸變得冷淡。

社群經理必須營造出新參加者和常露面的參加者都不會緊張、可以互相訴說真心話的場面，促使大家朝向共同的目標行動。心理安全性，是為了打造這種場面不可或缺的要素。

四種情感力，連結社群你我他

如果要建立一個具備心理安全性的社群，社群經理需要擁有四種情感處理能力，分別是①共鳴、傾聽力，②分析、過程設計力，③時間、空間設計力，④行動、傳達力。因為社群經理要能夠傳達自己的心情、讓參加者產生共鳴，或是掌握參加者的心態並互相溝通。

這些能力全都可以在小聚會等場合上，透過引導的經驗來鍛鍊。以下整理這四種情感力的內容和鍛鍊方法。

● 1 共鳴、傾聽力

這是在社群裡，引導參加者說話、與對方的心情共鳴，依狀況選擇適當溝通方式的能力，也是立場上能以對方的心情或狀態為優先的能力。

社群經理要養成敞開自己的心房傳達心思、引導參加者說出真心話並與之共鳴的習

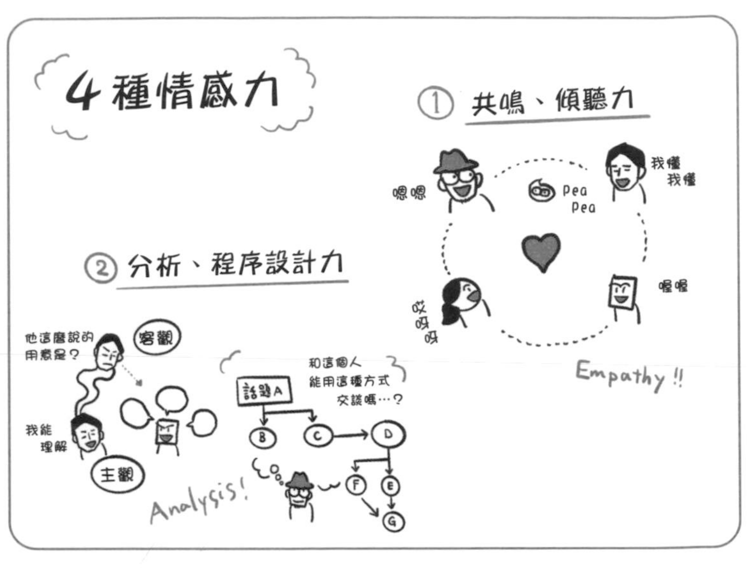

慣。傾聽參加者的發言然後接話，讓話題得以延續就可以了。

2 分析、程序設計力

這是客觀解讀自己或別人的感情、分析為何有這種感受的能力。這個能力可以找出激發負面情感的主因，設法避免再次發生，使社群整體能夠正向交流。

社群經理要懂得觀察參加者，如果發現有人無法樂在其中，就要思考他為何會有這種感覺，並記錄下來。自己在經營過程中感覺到不對勁時，以及小聚會氣氛熱絡、參加者變得積極主動時，都要思考箇中原由並且做紀錄。

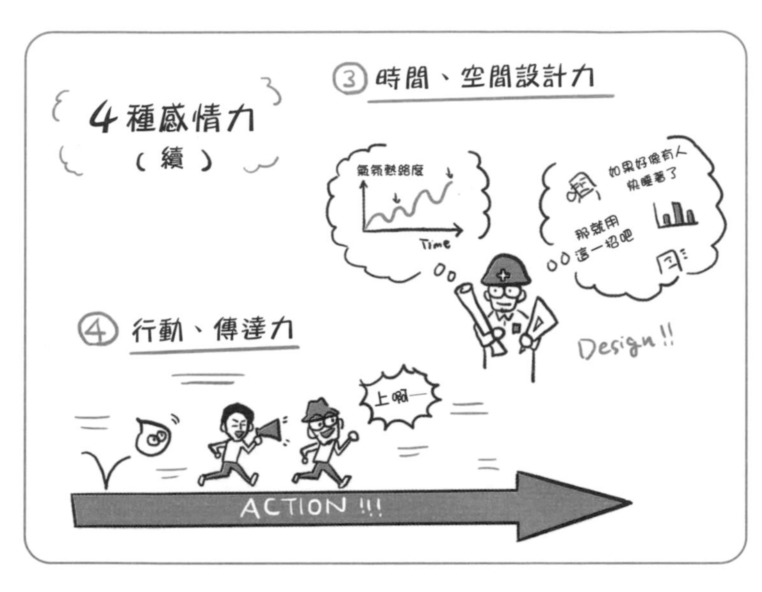

日後再翻閱紀錄，確定失敗和成功的原因，然後努力重現成功的原因，並採取措施解決失敗的原因。

● 3 時間、空間設計力

這是事先模擬社群參加者的交流狀況、思考如何主持現場才能讓參加者感受到心理安全的能力。

社群經理要懂得即時推測參加者的情緒，為現場調整出能夠舒適交流的氣氛。

在企劃小聚會等活動的階段，就要模擬從參加者集合到解散的整個過程。這時要思考等小聚會正式開始後，上半場要花幾分鐘閒聊以紓緩參加者緊張的情緒，接著再花幾分鐘深入探討話題。事先詳細分配活動的時間，萬一現場出現興趣缺缺的參加者，再臨機應變設法解決狀況。

● 4 行動、傳達力

這是鼓勵自己或別人勇敢挑戰的能力。社群經理要懂得將社群的願景當作自己的責任來侃侃而談，促使他人的情感變得正向積極。

經理要在社群裡贊同參加者的正向發言，表現出願意協助的立場；同時也要對社群外的人傳達小聚會的內容，一旦發現對聚會感興趣、有望成為社群一員的人，就要漸漸引導對方加入社群內。

雖然這每一個行動都很簡單，但要實踐全部卻比想像中還難。不過，社群經理在不斷舉辦小聚會和活動的過程中，就會自然鍛鍊出能發揮這四種情感力的引導技能。找出自己最擅長的模式，把它當作社群營運的優勢、努力培養下去吧。

成為一名像自己的社群經理

社群經理大致可以分為四種類型。

重點在於，「想做只有自己能勝任的工作」這種獨創的意向是否強烈，還有「透過工作獲得感謝、讚美、評價」的承認欲求是否強烈。

並沒有哪一種類型的人才適合擔任社群經理，每一種類型都有各自的優勢。**認識自己的類型，才能了解自己該以哪種社群經理的形象為榜樣。**另外，我們也會同步介紹社群經理應該如何自我成長。

◎第1種　領導型

這個類型能夠依循使命感或目的來團結社群。他們比起展現自己的獨創性，反而更

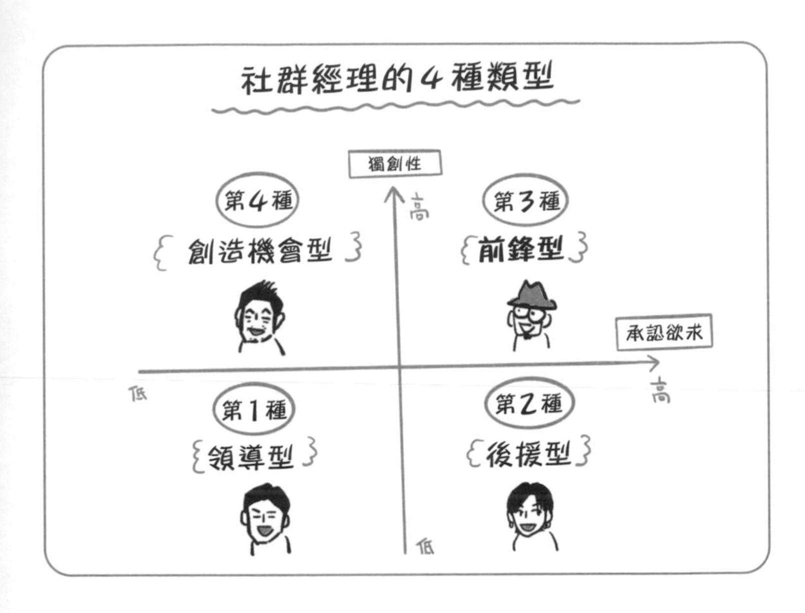

重視社群參加者能否發揮個性。

這類型的人具有責任感十足的經營管理氣質。如果沒有其他人擔任社群經理，他們多半會出面扛下這個職務。

領導型的人一旦對社群的願景產生共鳴感，就會為了達成願景而自發召募參加者，積極展開活動。他們也懂得應用組織的管理經驗或團隊經營的經驗，漸漸幫社群經營出成果。

如果這類人要以社群經理的身分繼續成長，建議可以同時累積社群營運和組織管理的經驗。

領導型的人要掌握組織的目標方向、訂

立具體的目標，站在管理的角度實行策略。如果由原本不是從事管理職務的人擔任社群經理，那就要將組織的願景視為己任，隨時留意該如何貢獻社群。與性格迥異的參加者一同共事，也能培養出統括各種個性人才的能力。

◎第2種 後援型

這個類型會與社群參加者併肩而行，希望得到感謝、受到認同。他們偏好擔任團隊中的副手角色，傾向於站在社群營運的幕後。

這類型的人在經營社群時，總是懷著想博取參加者和相關人士感謝的心思。比起自己在幕前出風頭，他們更喜歡讓社群參加者可以順利達成共識。懂得分辨TPO（時間、地點、場合），討厭人際關係出現摩擦，也是他們的特徵。

後援型的社群經理，基本上期望自己在社群裡扮演一道影子，以副手或策劃人的身分行動，也希望自己經手的企畫規模能夠持續壯大。只要他們尊敬的人對社群產生共鳴，或是給予正向的意見，他們的動力就會提高。

如果這類人要以社群經理的身分繼續成長，建議要多累積和其他管理人才或頂尖人才合作共事的經驗。了解自己背負什麼樣的期許，找出能當無名英雄大顯身手的場面，持續累積經驗才會成長。

第3種　前鋒型

這種類型會在自己感興趣的領域尋找夥伴、具備喜歡挑戰新事物的旺盛好奇心。他們想要透過社群活動，為社會帶來全新的價值觀。

這類型的人擅長在自己感興趣的領域集結同伴，獲得同伴認可就是他們的行動原理。這類型的人大多具備想為社會帶來全新價值觀的創業氣質。

他們只要聽到「除了你沒人辦得到」這句話，動力就會大幅提升，能夠構思出其他人根本想不到的處事方法。這類型的人很擅長發揮個性來經營社群，所以當上社群經理後，要先從了解自己的長處開始。一旦他們發揮出優勢，就能創造出令人驚豔的成果。

如果這類人要以社群經理的身分繼續成長，最重要的是發揮個性，依自己的興趣意向來行動。這種人在肚量大又善於讚美的主管底下工作，表現會特別好，因此要多和處得來的主管高層打好關係。

此外，這類型的人也很容易學會「構思別出心裁的企畫」、「獨特的引導方式」等特殊技能，只要得到業界有影響力的大人物稱讚，動力就會上升，成果也隨之提升。

◎第4種　創造機會型

這種類型希望實現只有自己才能勝任的社群經營模式，並推廣這份價值觀。他們充滿了好奇心，想要研究、發明屬於自己的風格。

這類型的人是為了滿足自己的好奇心、體會到自己的成長才經營社群。他們把社群當成一座實驗室，經歷重重新奇的挑戰來提高自己的滿足感。他們能用不經意的體貼活化社群，習慣將自己的體貼舉動視為「有人懂就好」。

這類人會以獨自的研究課題來面對社群經營的工作，並且創造成果；自我成長的欲念十分強烈，會踏實地累積成果。

如果這類人要以社群經理的身分繼續成長，建議要適度斟酌處理課題。雖然這種人大多數都很穩重，無論任何狀況都能發揮實力，但會因為突然有人干涉自己的作法而感到不爽。面對有能力挑戰的職務或題目，有助於提高表現。

7

新時代必備的「社群思維」

書解說了建立社群必備的能力和技術。而這一切的根基，都在於社群經理應當具備的價值觀——「社群思維」。

在最後一章，我們要來談談在今後這個無法預測前景的時代，不僅是社群經理，而是所有商務人士都必備的「社群思維」。

在危機中，重新體認人際連結的必要

「我們不知道足以威脅生活的危機，會在什麼時候、如何降臨。」

新冠肺炎的疫情擴大，再次向我們揭示了人類一直都活在動盪世界的現實。**人類正是藉由過去面臨困境的經驗，才培育出與他人建立關係、團結克服危機的智慧。**在科技進步的現代，這個事實依然沒有改變。

好比說，在二〇〇一年九月十一日美國發生多起恐怖攻擊事件後，人民變得更堅

強，開始尋求與他人的連結。當時因應而生的活動形式，就是人們可以互相商量煩惱的「小聚會」。

日本在二〇一一年三月十一日發生東日本大地震時，也出現了同樣的現象。

地震和海嘯留下的殘酷痕跡，讓我們體會到巨大的衝擊和絕望的滋味。

但是，社群媒體等各個平台卻即刻自發組成社群，以便援助受災地。許多社群紛紛從日本各地送上大量物資，支持當地的受災戶。另外，也出現了很多親自前往受災地訪查、協助災後復興的志工團體。透過社群連結提供支援與復興的動向擴散到全國，迅速推展開來。

之後，社群成為能夠讓民眾大顯身手的「第三地點（third place，繼家庭、職場之後的第三個活動場所）」，大幅拓展了它的功能。

二〇二〇年春季，因新冠肺炎疫情蔓延，我們比以往更難進行實質上的聚會。但是，網路上卻陸續創立了各種社群，就像過去人類遭逢危機一樣，許多人正嘗試合力面對困難。

正因為情況嚴峻，人才會特別感受到與他人的連結而受到撫慰，並獲得面對課題的力量——這或許就是烙印在人類DNA裡的本能也說不一定。

時代愈先進，人際網絡日益淡薄

回顧歷史，隨著近代以後快速都市化，人際關係的連結隨著時代的演進而逐漸淡薄。而加速這個趨勢的，即是網際網路的普及。

二〇一〇年以後迅速發展的社群媒體，讓每個人都能在網路上輕易連結他人。

可是另一方面，看不見對方真實臉孔的網路交流，近年來卻也醞釀出新的壓力，最常見的就是「社群媒體疲勞」、「網路霸凌」等現象。

有時正是因為網際網路的無遠弗屆，讓人們能夠輕易與任何人連結，我們才會感受到更深刻的孤獨。

「個體」在逐漸孤立的過程中，會更強烈渴望與他人建立關聯、互相扶持。

所以，人際關係的連結，需要有個能夠一起解決課題的「場面」，而建構和經營這個場面，就是社群經理的工作。

作為普遍技能的社群管理

二〇二〇年春季，即使處於民眾無法實際群聚的狀況，社群經理依然為了運用社群媒體營造出人際連結的場面，而不斷試驗並修正錯誤。不論是企業主辦的社群，還是NPO等非營利組織，都要面臨相同的挑戰。

人因為渴望與他人建立關聯而聚集在社群，這個動向今後應該會更加普遍吧。如此一來，社群經理具備的創立社群、連結大眾的技能，便成為大多數商務人士應當具備的普遍技能。

展現願景、召集夥伴並挺身行動的能力，在充滿高度不確定性的現代，是人人必備的技能。

實際上，許多經營人士、創業人士、新事業的負責人，都是採取和社群經理類似的作法，為創造更美好的社會而活動。

改變公司，孕育新事業和業務，創造新文化。

這些都和建立社群一樣，需要展現願景、召募夥伴、拓展活動範圍，同時在試驗中記取教訓，最終大獲成功。

集結人群、建立一個活力充沛的場面。

社群活動，就是新時代的社會活動。

孕育新世代的價值觀

社群經理具備的價值觀，也就是社群運作需要的思考方式，我們稱之為「社群思維」。

社群思維是由以下三個元素構成。

①以願景為行動基準　用言語表達活動的目的，以此為核心來行動。

②平等對待夥伴　以心理安全性為基準，建構對等的人際關係。

③為夥伴行動　思考自己能為夥伴的目的做些什麼，付諸實行。

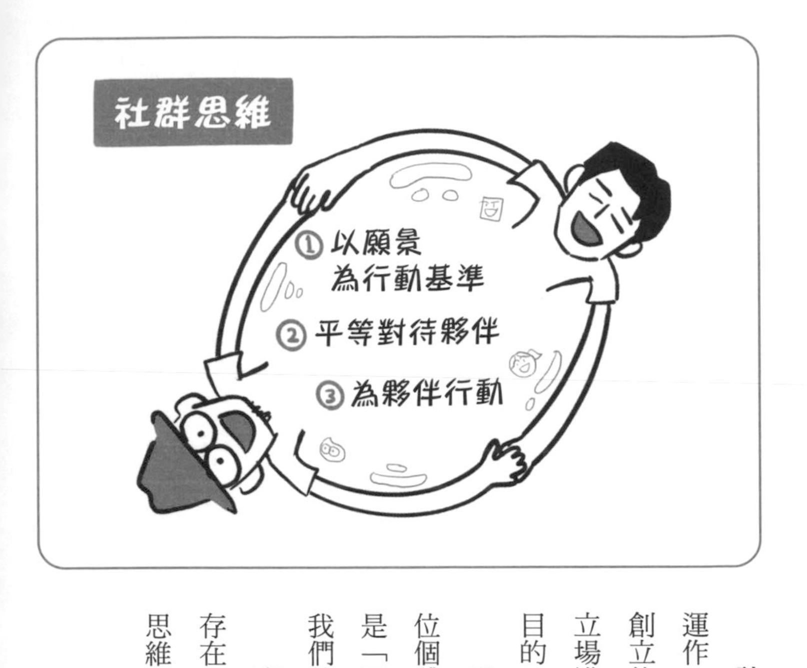

社群經理為了訂立社群願景、推動社群運作，需要在日常生活中時時刻刻銘記最初創立的願景，持續不間斷地與夥伴以對等的立場溝通、互助合作，以期達成彼此共同的目的。

不只社群經理，生活在現代社會的每一位個體，只要將建構社群的思考方法，也就是「社群思維」，融入個人的價值觀當中，我們就能邁向更豐富的人生。

事實上，企業的經營和個人的生存之道存在一個共同點，那就是都需要培養「社群思維」。

動盪的時代，企業的核心願景與創新

經營，才更需要「社群思維」。

這是我們在本書想要傳達的最後一個訊息。

沒有願景的企業，就無法吸引職員和顧客。

找不到夥伴的企業，事業便無法持續營運。

無法建構對等關係的企業，不會有任何自由創新的構想。

沒有支持企業活動和業務的顧客，企業便無法生存。

總之，要穩定經營企業和實現業務成長、拓展業務，必須要具備「社群思維」。

正因為現代社會即將進入空前大蕭條，許多經營人士和商務人士才被迫面對這個事實吧。

日本國內市場已臻成熟，既有事業已達巔鋒的企業也不在少數。

日本嚴重的高齡化和少子化，從長遠的眼光來看，內需的確正在逐漸萎縮。不論任何規模的企業，都必須有能力成立新事業、建立多元化組織，激發出前所未有的創新。

而第一步，就是在經營策略中，導入以企業願景為核心的「社群思維」，這樣也能建構出經得起未來環境變動的強大組織。

企業要能夠在有限的時間、資金、人力資源中，展現願景、召募夥伴、發揮在對等的人際關係裡自然孕育而成的自由構想，同時激發前所未有的創新。而根本的步驟，就和建構社群如出一轍。

現代企業的聯名合作案例愈來愈多，這裡就舉出一個具體的例子。

二〇二〇年四月，NTT西日本和朝日電視台共同出資成立新公司NTTSportict。這是專門播放運動影像的新公司，是朝日電視台的出資者、以色列AI攝影機風險投資公司的產品，與NTT集團的IT技術、朝日電視台的運動影像製作技術搭配孕育而成的新事業。

大型通訊公司與大型電視台的這項合作案，是因為兩家公司都擁有「運用新技術讓社會和公司變得更有趣」的願景而成立。日本的兩大企業，和以色列的風險投資公司聯手發展創新事業，絕非輕而易舉之事。

正是因為各公司的相關人士想法不謀而合，又能建立對等的關係，所以才能跨越這個障礙。這儼然正是展現願景、召募夥伴、以對等的人際關係實現目標的「社群思維」的體現。

與其他公司合作時，也同樣需要走過包容不同價值觀的夥伴、大家團結合作推展專案企畫的流程。

合作與共享，商務人士的未來趨勢

對商務人士而言，未來最重要的應該就是「和誰（夥伴）共事」的價值觀。

原本阻礙個人工作方式的「地點」和「僱用制度」，在近幾年已大幅改變，自由度

已經提升許多。

只要懂得使用網路會議工具，在任何地方都能輕易和他人開會討論。遠距工作的推廣，使得傳統物理上的「距離」已漸漸不再有意義。

隨著重新評估終身雇用制的企業愈來愈多，兼職或其他彈性工作方式也慢慢普及。從今以後，應該會有更多人往返日本和全世界各個據點、同時任職於多家企業吧。

傳統日本人視為價值判斷基準的企業名稱、辦公地點、職稱等元素，重要性將會逐漸降低。比起這些，更重要的是能一同實現自己心中願景的夥伴。

和志同道合的夥伴合作推展專案企畫的思考方法，就是「社群思維」。

不過目前能體現「社群思維」的社群經理，目前還是一種新興職業，能參考的榜樣還不夠多。

即使如此，我們依然認為社群經理的技能和思維，將會是活在新時代必備的技能。

所以，我們才會希望能有更多人挑戰建構社群。

希望各位能在試驗並修正錯誤的過程中，培養出自己的一套社群思維。

希望社會上的每一個人都擁有自己的願景、和夥伴一起持續孕育出全新的價值。

我們如此強烈地期盼。

結語

感謝各位一直讀到這本書的最後。

本書是專為突然接到公司指示要「開社群」而不知所措的商務人士所寫。

或許有些人在讀完以後信心大增，或許也有些人還是一頭霧水。

不過，各位只要參照這本書、繼續經營社群的話，一定會遇到徹底領悟的那一瞬間，然後大嘆「原來如此！」

但願各位在對社群經營感到迷惘的時候，願意反覆閱讀這本書。

我是河原梓，負責撰寫這本書的「結語」。

我的職稱是社群加速器導師，從事企業社群建構和活動企劃、組織開發和團隊建立、人才培訓的進修課程。

我是從二〇〇八年春天開始接觸活動企劃的工作。

當時，網路通訊業者NIFTY在東京台場經營了一家展演型餐廳「東京CULTURE CULTURE」（後面簡稱CUCU，該店現由東急集團旗下的iTSCOM公司經營，二〇一六年十二月搬遷至東京澀谷）。我早期以員工的身分參與策劃，此後不只是企劃活動，還建構了各式各樣的場面，也經手了許多企業社群建構的工作。

除了製作企畫以外，安排餐飲和機材、售票和集客等等，所有活動相關的一系列過程，我全部都現場親身體驗過了。

從只有幾個人的工作坊、到多達數萬人的大型研討會內容編排，我籌備過的活動規模和種類也是琳瑯滿目。像是同時經營多個活動參加者集結而成的社群等等，幾乎所有和場面建構有關的工作我都做過了。

當然我也經歷了許多失敗，才能累積如此豐富的技術。

我根據這些經驗，寫下了這本書。

這裡就來簡短介紹幾件令我深深為社群著迷的事吧。

集結各種人生一瞬間的活動

剛才提過，我在CUCU從二〇〇八年開始，包含幕後工作在內，每年都經手了兩百場以上的活動。

當時，我認為我的工作就是舉辦有趣的活動；同時，我也以為社群是屬於NPO和志工領域的事，和在企業裡上班的我沒有任何關係。

而大幅扭轉我這分價值觀的，是二〇一一年三月十一日那一天。地震、海嘯、連綿不絕的餘震、缺電、核電廠意外。日本東北在海嘯的影響下失去許多寶貴的生命，悲傷和絕望籠罩了全日本。

受災地的人民正處於水深火熱之中，但當時的我卻什麼也做不了。我備感無力，只能佇在原地發呆。

活動籌備這種事，終究不是社會必須的工作啊。

我內心的迷惘和不安，直到同年的三月二十九日，CUCU重新營業的時候，才終於煙消雲散。

即使日本一片黯淡無光，但親自蒞臨會場的各位常客，在活動進行的期間，一直都面帶誠摯的笑容、為店鋪重新營業而開心。

全場不分舞台上下，所有人都互相尊重，度過充滿一體感和高昂情緒的溫馨時光。

「這場兩小時半的活動不只是一場慶典，而是主辦者和嘉賓，以及觀眾各自帶來自己『人生的一瞬間』，才孕育出來的珍貴片刻。」

人群聚集的地方，擁有撫慰人心、賦予勇氣的力量。

這一瞬間，我才明白集會活動本身真正的功用。

連結人與人、建構互相扶持的社群

二〇一一年秋天，我因為公司內部進修的關係，到訪美國西岸的矽谷。

剛好就在這個時候，美國到處都在舉辦小型的社群活動「小聚會」（Meetup）。

我很榮幸有機會與史考特・海弗曼（Scott Heiferman）面談，他是發明了「Meetup」這個詞、支援地方社群集會的平台服務Meetup的共同創辦人。

我當時詢問他：「你目睹了連續多起恐攻事件的悲劇，然後孕育出Meetup。那你覺得我在經歷了東日本大震災後的日本，能夠做些什麼呢？」

於是，他給了我以下忠告。

「聽起來你的活動是像知名音樂人的現場表演那一類的，但Meetup並不是這種活動，而是能讓人與人平等互助的草根型社群。」

「你應該要做的是連結大眾、讓人們的生活更美好。建立社群，呼籲大家要互助合作。你想要幫助的人會成為你的標竿，賦予你希望、力量，還有面對困難的勇氣。」

之後，我從二〇一三年開始為期三年，帶著開發新事業的任務遠赴舊金山。我才發現，我在矽谷認識的大多數人，都會遵循自己的信念、以對等的關係互助合作，在事業上開創成就。

在矽谷開放又親切的環境下，我在這片新天地逐漸與各個新社群連結在一起。我還企劃了許多與我本職的新事業開發毫無關聯，只是將定居當地的日本人和美國人、從日本來出差和留學的人連結起來小聚會。

然後，許多人跨越了組織的隔閡、支持我的活動，我們建立出乎意料的關聯，也對我本職的新事業開發開始有了貢獻。

我在這裡得到的體悟，就是本書提及的「社群思維」的雛型。

我回到日本的工作崗位後，開始以「社群加速器導師」的職稱介紹自己。我的使命是透過社群來支援企業或個人。我下定了這個決心，實踐了史考特先生的建議。

「建構社群、串連所有人，讓事業更茁壯。作為一名商務人士，社群必定有助於建立企業與顧客的良好關係。」

我對外傳達了這個訊息，結果前來商談的企業多得超乎想像。

看來大家在理解社群必要性的同時，也十分煩惱如何與顧客建立關係。

而這就是我能夠貢獻的餘地。

如今我因為很多緣分和幫助，為伊藤園、三得利、三井住友財團、東急、獅王、星辰錶、日本經濟新聞社、長崎縣、新潟縣等各個企業和地方行政機關貢獻一己之力。

建構社群，成了我的終身職志。

我在持續活動的期間，逐漸認知到社群在這個世界的重要性，我的活動範圍也日漸拓展。

然後到了二〇二〇年春天。

我決定離開這十二年來任職的CUCU，自立門戶。我成立了「Potage」企畫，以社群加速器導師的活動為軸心，想要讓更多人明白社群的力量和魅力，以及作為社群基礎的「社群思維」。

我希望透過社群活動，幫助各種企業和個人實現夢想。我為了在這陪伴的過程中，將「社群思維」推廣成理所當然的價值觀，而努力不懈繼續活動下去。

我從以前就不斷體驗慘痛的失敗，如今才培養出社群運作的知識。

我之所以能夠有今日，全是因為有平常幫助我的大家大力包容。本書是這樣的我，和大家一起寫成的心血結晶。衷心感謝。

我在社群領域的冒險才剛揭開新的序幕。願我往後的冒險會漸漸充滿溫暖的和弦。

河原梓

二〇二〇年初夏

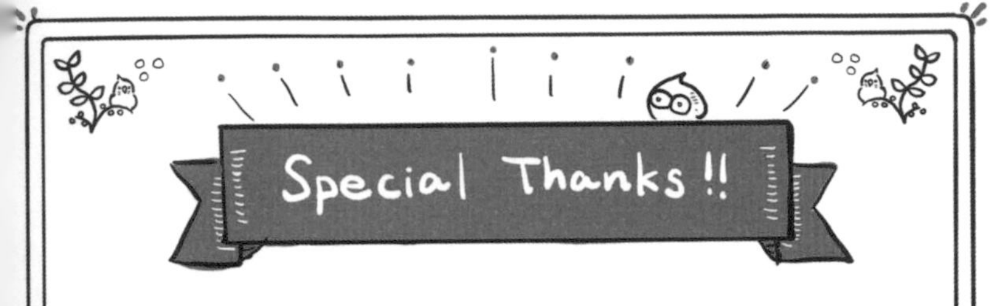

特別感謝（依五十音排列／省略敬稱）

アフロマンス／市川裕康／植原正太郎／蛯谷 敏／小島英揮／角野賢一／加藤 翼／貴島邦彦／SHIBUYA QWS的大家／菅原弘暁／瀬津勇人／高田大雅／タムラカイ／テリー植田／東京カルチャーカルチャーチーム／中島 明／野中絢子／Peatix團隊／廣瀬岳史／藤村能光／前田考歩／松井くにお／宮本昌尚／森田謙太郎／横山シンスケ／吉田 猛／若宮和男／脇 雅昭／両親や家族

問卷調查協助（依五十音排列／省略敬稱）

あかつきんぐ／青木夏海／イセオサム／大底春菜／川西克典／堺 寛／柴田大樹／しゅん／高橋龍征／田中 圭／長田 涼／日吉紀之／古川剛也／三澤直哉／みたけさやか／ミッキーゆうじ／八木橋パチ

101招
炒熱活動的神技

＊閱讀順序為由左至右

活動前的準備

☐ 001 • 選會場要注意天花板的高度

天花板太低的會場（像會議室），容易使人感覺壓迫。

天花板較高的會場才有開放感。

只要留意這點，就能改善活動的氣氛。

☐ 002 • 檢查洗手間狀況

檢查會場到洗手間的距離、動線，以及男廁女廁的數量。

如果廁所數量相對於會場容納人數明顯太少的話，

就安排長一點的休息時間。

☐ 003 • 是否有Wi-Fi

如果希望在社群媒體上推廣活動的狀況，現場一定要有Wi-Fi。

如果要讓參加者也能上網，在活動當天要用投影片等方法，

公告Wi-Fi帳號和密碼。

☐ 004 • 共享參加者資訊，提升交流意願

獲得參加者同意後，在活動前與大家共享

活動參加者的屬性（例如企業、部門、職位等），提高參加者的交流意願。

☐ 005 • 讓嘉賓得知觀眾資料，以便準備談話內容

☐ 010 • 便利的參加者「簡單名冊」

取得參加者同意後，將所有參加者的姓名和大頭照製作成簡單名冊，
以便在現場發送。有這份名冊，聯歡會的交流會更順利。
這招適用於約 30 人以下的小型活動。

☐ 011 • 舉辦小額報名費的付費活動

小小的額度就好，只要活動辦成付費制，當天的參加率就會提高。
票價也可以設定為銅板價，用於提供現場的飲料，這樣一來客訴也會少很多。

☐ 012 • 別忘記發送活動開幕提醒訊息

活動前一天，記得提醒參加者會場交通、開場時間和注意事項。
附上「明天期待各位光臨」的訊息，提醒大家出席。

☐ 013 • 預告網路轉播

如果活動有網路轉播，一定要事先預告。
只要提前公布直播的網址，
當天或許有機會第一時間在線上收集大家的提問。

☐ 014 • 前一天彙整嘉賓用的投影片

委託嘉賓登台的當下，就要告知對方
投影片的檔案格式、大致的演講時間。
在活動前一天請嘉賓提供投影片檔案，整理成一個資料夾。

☐ 015 • 準備會場空間的引導投影片

像是洗手間和吸煙室的位置、活動的「#（主題標籤）」、Wi-Fi 等，

獲得參加者同意後，在活動前將參加者的屬性（例如企業、部門、職位等）
告知登台嘉賓。
這能讓活動的談話內容更貼近參加者。

☐ 006 • 準備美味的餐點

如果聯歡會上需要提供餐飲，要事先訂好餐點。
配合活動宗旨或參加者的屬性來選擇菜色，
參加者就能以餐點為題，自然打開話匣子。

☐ 007 • 先查好嘉賓的相關話題

主持人要掌握嘉賓最近的動態。
只要瀏覽一下來賓以前的訪談內容和最近的社群媒體貼文，
在活動中才有頭緒引導出話題。

☐ 008 • 邀請未來的嘉賓參加

在召募觀眾的階段，可以免費邀請你希望他以後登台的人來參加。
活動當天，也可以在舞台上談起往後的嘉賓人選，
主動將對方帶入話題。

☐ 009 • 邀請有「一技之長」的參加者

邀請對於社群的資訊發布有正面影響，
或是有相關專長的人來參加活動，
像是擅長圖像記錄、愛寫部落格文章、擅長攝影的人等等。
或許他們就可以發揮自己的專長來推廣社群。

□ 020 • 在報到處分發「名牌貼紙」

在報到處分發貼紙，

請參加者寫上「姓名、職務、興趣」，

進場前當作名牌貼在胸口，

在後續的聯歡會上就能成為交流時的話題起點。

□ 021 • 活動開場前就要提供飲料

酒或各種飲料，要在活動開始前提供，

如果能營造出休閒的氣氛會更好。

□ 022 • 從報名處前往會場，動線須安排引導人員

如果報到處通往會場的動線較為複雜，

可以在重要地點安排引導人員，花點心思避免參加者迷路。

□ 023 • 發號碼牌，避免開場前混亂

如果是報到處會大排長龍的熱門活動，

在開始報到以前可以先發放號碼牌。

開始報到後再依號碼牌的順序，以10人為單位引導進入會場。

□ 024 • 在報到處旁設置「快照區」

報到時，可以幫每一位參加者拍攝快照（立可拍），

請他們在照片上寫下本名，

接著貼在入口旁的板子或海報紙上。

這樣可以一眼看見參加者的相貌，又能展現出愉快熱鬧的氣氛。

這些觀眾常問的資訊，都要事先整理成一張投影片，

當天在會場的正面放映。

□ 016 • 事先準備好小抄

要事先準備好「剩〇分鐘」、「結束〇分鐘前」

這類專門給嘉賓看的小抄。

活動當天，場控也要在嘉賓看得見的地方

適時向他打出信號。

□ 017 • 事先要彩排

邀請許多登台嘉賓，或是安排了獨具匠心的表演時，

工作人員最好事先在會場彩排。

只要排練過整個流程，就能確實紓緩緊張的情緒。

□ 018 • 實際投影，檢查投影片資料

如果登台嘉賓需要投影資料，要在觀眾進入會場以前，

先確認投影片是否能正常顯示。

如果需要播放影片，也要先試播，檢查音量是否適中。

□ 019 • 確認嘉賓坐在椅子上的狀態？

要讓工作人員實際在舞台上試坐椅子或沙發，

確認從觀眾席看到的嘉賓會是什麼樣的狀態。

當嘉賓坐在沙發上時，頭部高度可能會太低，使觀眾無法清楚看見，

裙襬也可能會顯得比想像中來得高，務必留意。

☐ **030 • 在後方座位貼上「公關座位」的提醒**

先在後方的座位貼上「公關位」的布告紙，

比較容易引導觀眾往前坐前方和中央。

等到座位都大致坐滿了以後，再撕掉貼紙，開放入座。

☐ **031 • 從正面拍攝觀眾席**

活動開場前，最好先從正面為觀眾席整體拍照作為紀錄。

萬一發生意外事故時，才方便鎖定參加者。

☐ **032 • 平日晚間要追加「延後」廣播**

如果是平日晚上的活動，參加者通常不會全部準時到場，

經常導致開場延遲5～10分鐘。

這時就需要廣播「活動會延後〇分鐘開場」。

☐ **033 • 嘉賓的閒聊可以炒熱舞台氣氛**

登台嘉賓和主持人最好先在後台聊一聊。

只要雙方事先交流到某個程度，

正式上場時就不會那麼緊張，台上的談話也會更熱絡。

☐ **034 • 主持人要在開場前先和觀眾交流**

主持人在活動正式開始前，要多多與觀眾交流。

只要先掌握有哪些特殊觀眾

（像是年紀非常小、來自很遠的地方等等），

就能在對談時當成話題運用。

☐ **025 • 在報到處仔細確認參加者名單**

要仔細檢查有哪些人來參加活動。

只要精準掌握活動當天的參加者名單，

就能促成活動後的交流。

☐ **026 • 現場廣播「禁止占位！」**

在人數滿額的活動上，

有些參加者會用隨身物品占用座位。

最好用廣播宣導請大家不要占位。

☐ **027 • 利用「#（主題標籤）」擴大推廣**

如果希望參加者在社群媒體上貼文分享活動概況，

可以事先決定好活動標籤，並鼓勵大家踴躍打卡發言。

如果活動開放攝影，也要事先告知。

☐ **028 • 現場廣播「請提早上洗手間」**

活動開場後的休息時間，廁所很容易大排長龍。

建議先廣播提醒參加者在開場前，趁廁所空曠時如廁，

如此也能帶來親切的印象。

☐ **029 • 贈品要「集中往前」且「靠近中央」擺放**

贈品要放在靠前方和中央的座位，

可以有效引導觀眾坐滿這些區域。

觀眾集中坐在前面和中央，台上嘉賓也會覺得比較容易談話。

☐ 040 • 先介紹贊助商

如果活動有贊助商，

一開始就要先介紹「本活動是由〇〇公司贊助舉辦」，

帶動觀眾席鼓掌，可以為贊助商留下良好的印象。

☐ 041 • 以「音樂」歡迎嘉賓登場

活動開始前，要先讓原本的背景音樂淡出，

再用大音量播放登場音樂，炒熱氣氛。

接著在活動的開頭播放開場影片，

參加者的情緒會更高昂。

☐ 042 • 使用固定攝影機拍影片，由攝影師拍照片

如果有攝影機，就用三腳架設置在可以拍到整個舞台的位置。

活動流程要錄影，照片則用智慧型手機拍攝即可。

要事先決定負責拍照的人選。

☐ 043 • 全員介紹的投影片

如果是30人左右的小型活動，可以準備所有參加者的投影片，

一人一張投影片介紹大家從事的行業，炒熱現場氣氛。

☐ 044 • 實況轉播，將會場「外」也帶入活動

活動一開始就用臉書直播等平台線上轉播。

如果能收集到線上觀眾的提問和留言，

就能將熱烈的氣氛也擴散到會場之「外」。

☐ 035 • 報酬要在活動前付清

給嘉賓的酬勞如果是當天支付，就要在活動開場前先付清。

因為在活動結束後還有聯歡會，

工作人員和嘉賓都會忍不住放鬆心情，一不小心就忘記了。

☐ 036 • 開場前「隨意自我介紹」

舉辦小型的活動時，

可以請參加者在開場前互相自我介紹。

開場前先暖場，接下來的活動氣氛才會熱絡。

☐ 037 • 活動開始前，播放輕柔的背景音樂

在活動開場前，最好播放一些能讓觀眾放輕鬆、不吵鬧的背景音樂。

畢竟太安靜會使氣氛顯得不熱烈。

☐ 038 • 在舞台上設置大型時鐘

在舞台上準備一個控管時間用的時鐘。

嘉賓都會有愈聊愈久的傾向，

所以要在舞台上看得見的位置設置大時鐘，以便讓對方注意時間。

活動上場

☐ 039 • 首先用「開場白」帶動氣氛

不要馬上進行活動內容，而是先由主持人說明活動的宗旨。

開場白中也要提到聯絡事項，

如果有餘裕，也稍微炒熱一下氣氛。

☐ **050 • 嘉賓的自我介紹要有時間限制**

如果有多位嘉賓登台，光是自我介紹就會花費很多時間。

為了儘早進入對談的環節，

最好為嘉賓的自我介紹設定時間限制。

☐ **051 • 以經常點頭的參加者作為氣氛指標**

主持人要在觀眾群中，

找出一個能用來評估氣氛熱絡程度的參考人物。

最好選擇認真聆聽、點頭的參加者。

當那個人開始打呵欠時，就代表必須改變話題。

☐ **052 • 休息時間約15分鐘**

在活動的各個環節之間，要安排10～15分鐘的休息時間。

因為參加者會在這段時間開始互相交談。

☐ **053 • 嘉賓輪替時要播放音樂**

換另一位嘉賓登場時，要播放音樂並提高音量，

這樣就能防止活動節奏慢半拍。

☐ **054 • 善用猜謎炒熱氣氛**

如果是座談會，在談話途中加點猜謎橋段，氣氛會更熱絡。

對觀眾來說，活動中間穿插可以主動參加的猜謎節目，

能讓他們不厭其煩地專心聆聽到最後。

☐ **055 • 在較長的影片中加入談話**

☐ **045 • 活動一開始就接受提問**

運用Slido或Google試算表功能，

在活動開始時同步接受參加者的提問。

主持人和登台嘉賓可以一邊看內容，一邊將問題反映在談話中。

☐ **046 • 鼓勵發問的「練習時間」**

即使公告可以在線上發問，但一開始肯定還是乏人問津。

這時可以請觀眾「練習」隨意輸入問題，

如此一來就會愈來愈踴躍發問了。

☐ **047 • 所有投影片都加上「#（主題標籤）」**

在活動會場上播放的投影片資料，

所有的頁面都要加上「#」標籤，

這樣觀眾在社群媒體貼文時就會順手加上標籤了。

☐ **048 • 詢問「今天來的是哪些觀眾？」**

主持人可以大方詢問觀眾的屬性（在哪裡工作、職務等）。

請觀眾舉手發言是最簡單好懂的作法。

了解參加者的屬性，也比較容易調整話題的內容。

☐ **049 • 嘉賓登場要用「伸展台」迎接**

不要讓嘉賓從舞台兩側出場，

而是安排走會場中央的「伸展台」，華麗登場。

如果能再鼓掌歡迎，參加者和嘉賓就能以開朗的氣氛開始對談。

☐ 060 • 主持人要懂得運用各種幫腔的技巧

主持人要事先準備很多套幫腔附和的模式。

依情況分別運用，可以為談話營造出高潮迭起。

☐ 061 • 將話題隨機拋給嘉賓

主持人要花點心思，避免總是依循同樣的順序和嘉賓對談。

如果順序一成不變，不但輪到後面才回答的嘉賓容易詞窮，

也會令觀眾覺得太單調。

☐ 062 • 準備搞笑用的「經典段子」

主持人要事先準備好能讓人噗嗤一笑的「經典段子」。

遇到會場的氣氛太冷，或是嚴肅的話題持續太久時，

可以添加笑料來轉換氣氛。

☐ 063 • 迎合缺乏專業知識的參加者

如果是內容很專業的座談會，話題的程度需要迎合「全場最缺乏知識」的人，

才能避免有觀眾跟不上話題。

一旦出現專門術語，主持人就要考慮觀眾的程度，請嘉賓解釋。

☐ 064 • 對嘉賓提出有深度的問題

遇到知名的嘉賓，不能只是提出已經問到爛的平凡問題，

也要問他個人的感受或失敗的經驗。

引導嘉賓說出當下才能聽到的故事，

可以讓參加者和嘉賓都對活動感到更滿意。

一般人在活動中專心看影片的時間，最多是2～3分鐘。

如果要播放更長的影片，就要設法降低音量，

並且精心融入嘉賓的談話來補充說明。

□ 056 • 燈光亮度適中，避免觀眾打瞌睡

雖說播放投影片需要調暗會場的燈光，

但這樣一定會導致很多觀眾打瞌睡。

要注意螢幕的辨識度、別將燈光調得太暗，才能有效避免這種情況。

□ 057 • 登台嘉賓互相提問

同時有多位嘉賓登台的座談會上，

主持人要將活動導向嘉賓互相提問的場面。

只要嘉賓之間能深入談話，話題內容就會更立體。

□ 058 • 也要向觀眾發問

主持人在活動途中，也要詢問觀眾「今天來參加的目的」。

積極帶觀眾一同融入活動，才能打破他們與嘉賓之間的藩籬，

營造出一體感的氣氛。

□ 059 • 準備白板會更方便

準備好速寫簿和粗麥克筆。

如果是線上活動，改用便條紙和簽字筆也可以。

請嘉賓針對問題，在紙上作答並展示出來，

如此就能營造出畫面的變化，效果更好。

2、3人圍著交談時，

要以電玩遊戲「小精靈」的形狀空出一個空位。

如果有人加入空位，就說一聲「恭喜你被吃了！」歡迎對方吧。

□ 070 • 用「10秒自我介紹」推動氣氛

請每一位參加者各用10秒的時間自我介紹，不斷交流下去。

雖然10秒的時間頂多只能報出姓名和職業，

但短短的時間卻可以有效暖場，打破僵局。

□ 071 • 聯歡會上最有幫助的「支開者」

嘉賓有時候會長時間一直與特定的參加者談話。

所以現場最好要有個「支開者」，

負責在這種時候找機會和嘉賓攀談，將他從特定的參加者身邊支開。

□ 072 • 「○○是什麼樣的人」

如果聯歡會的參加人數大約是20人，除了參加者本人以外，

也可以由主辦者或參加者的同行者來介紹這個人。

這樣可以更加襯托參加者的魅力。

□ 073 • 別再只是一對一交換名片

和嘉賓交換名片時，不要讓參加者一個個輪流上去，

而是安排多個人同時交換。

只要縮短交換名片的時間，就能促進參加者彼此交流。

□ 074 • 設置「避免落單」的巡邏員

☐ 065 • 談話只要「八分飽」

嘉賓談到讓人有點意猶未盡的程度，

才是一場座談會最恰到好處的談話分量。

要是講得太多，往往會顯得太拖沓。

☐ 066 • 會場分發的提問紙，要在活動中場回收

請觀眾在紙上寫下想對嘉賓提出的問題，

並在活動中場回收、用在下半場。

在休息時間回收提問紙，好處是主持人可以先讀一下問題，

更容易掌控活動內容。

☐ 067 • 大合照要擺出五指張開的手勢

在活動最後，要拍攝嘉賓和全體觀眾的大合照。

加上標籤發到社群媒體上，會比較容易轉發出去。

這時要請大家張開手掌，朝鏡頭比五指張開的手勢，

顯現出愉快的氣氛。

☐ 068 • 最後安排問卷時間

如果想調查活動的滿意度，

就要在活動結束前的3分鐘，安排填寫問卷的時間。

強制設定填問卷的時間，回收率才會提高。

活動後的聯歡會

☐ 069 • Come on！「小精靈規則」

☐ **079 • 透過社群媒體，與會場認識的人聯絡**

活動結束後，

努力促進會場上認識的參加者在社群媒體上聯絡。

這樣才有望促使他們繼續參加以後的活動。

☐ **080 • 活動影片上傳YouTube直播**

假使活動內容並沒有公開轉播，

不妨利用「YouTube直播」功能，將影片上傳並設置為不公開。

這樣不但可以當作紀錄存檔，也可以只把網址分享給熟人。

活動結束後，

若能將影片連結傳給嘉賓，對方肯定會很高興。

線上活動

☐ **081 • 抱持比實體活動更寬廣的心態**

線上活動可以透過留言功能，

直接確認觀眾的迴響內容，

但其中必定少不了抱怨和謾罵，

這時就用寬大的心胸包容吧。

☐ **082 • 需要多位主持人**

線上活動最好要安排多位主持人或幕後人員。

如果有專門處理觀眾留言的人員，

整體流程就能更加從容。

聯歡會上一定會出現站在牆邊落單的人。

要事先安排幾位負責巡視會場、向參加者搭話的人，

以免有人孤單佇足在牆角。

□ 075 • 終場時播放「驪歌」

活動結束時，在會場上播放結束音樂，

可以自然地促使參加者離場。

□ 076 • 在出口設置問卷回收員

需要觀眾回答活動滿意度問卷時，

建議在會場出口安排專門人員，

趁觀眾散場時收回問卷即可。

活動結束後

□ 077 • 將活動報告發送給參加者

將活動內容整理成部落格文章等形式，日後發送給參加者。

如果寫成報導文章，嘉賓和參加者可能會分享到社群媒體上，

有助於吸引更多人參加之後的活動。

□ 078 • 在社群社團裡上傳合照

活動當天的合照，

要上傳到活動參加者的臉書社團內。

只要公告說明「照片已經整理出來囉」，

就可以引導參加者在社團裡交流。

線上活動的音訊環境非常重要。

建議不要只靠電腦內建的麥克風，

多準備一副耳機麥克風吧。

☐ 089 • 注意時間延遲

實際講話和影片轉播多少會出現延遲，

別忘了事先確認延遲時間有多長。

線上和實體活動不同，難免會有時間延遲。

☐ 090 • 地點隨意！海外嘉賓也能登場

線上活動不需要顧慮嘉賓和參加者的所在地。

網路無國界限制，

不妨試著邀請實體活動上無法登場的海外講者參與演出。

☐ 091 • 詳細介紹嘉賓和登場的事物

像是介紹嘉賓的飲料、虛擬背景，

或是轉播的硬體環境設備等等，

詳細說明環境的細節，可以讓參加者更融入活動氛圍。

☐ 092 • 善用分組討論功能

影音播放平台有各式各樣的功能可以運用。

例如Zoom即提供可將參加者細分成各個群組的

「分組討論」、「投票」、「視訊、音訊共享」等功能。

☐ 093 • 精心設計表演者的環境打光

☐ **083 • 集客到最後一刻**

線上活動直到開始前一秒或即將結束以前，都可以開放觀眾加入。

只要使用Peatix，轉播網址都會自動傳送給參加者。

☐ **084 • 透過攝影機的開關，營造登場戲劇效果**

線上活動在請表演者出場時，

不妨善用攝影機的開關功能。

登場前先關攝影機，在宣布嘉賓登場的同時打開攝影機，

登場的瞬間會變得很有戲劇性。

☐ **085 • 工作坊事先全體練習一遍**

使用Miro等工具舉辦工作坊活動時，

開場要先用簡單的主題，安排給大家練習使用工具的時間。

這樣可以讓參加者熟悉工具的操作，避免中途脫隊離線。

☐ **086 • 參加者的語音設為靜音**

基本上，要請參加者設置靜音。

需要參加者發言時，再由主辦者解除靜音狀態。

☐ **087 • 有些參加者無法解除靜音**

有時參加者會因為各種狀況而無法解除靜音。

如果要安排「大家打開語音發表意見」的環節，

一定要考慮到可能有人無法執行的突發狀況。

☐ **088 • 表演者要準備麥克風**

☐ **098 • 多安排幾段休息時間**

參加者在線上活動的專注力很難持久，

而且眼睛長時間盯著螢幕也會疲勞。

如果是長時間的活動，最好多安排幾段休息時間。

☐ **099 • 聯歡會要每隔一段時間安排離場時機**

在線上活動的聯歡會，每隔半小時到1小時，

就要提醒大家「有事的人可以趁現在離開」。

事先設定好離場的時機，

參加者的參加意願與會比較高。

☐ **100 • 在名稱欄內輸入暱稱**

網路會議工具可以任意設定顯示名稱。

請參加者隨意輸入暱稱，藉此營造出交流的契機，

聯歡會的氣氛也能因此熱絡起來。

☐ **101 • 用螢幕截圖來拍合照**

Zoom等網路會議平台可以拍攝參加者的快照。

在活動後幫大家拍合照、分享到社群媒體上，

有助於提高參加者對社群的歸屬感。

表演者可能會因為環境問題，臉孔顯得很黑暗。

這時可以請他移動到明亮的地方，或是用專門的LED燈照明，

讓臉部可以在螢幕上清楚地顯示出來。

☐ 094 • 與參加者共享體驗

像是參加者全部穿同樣顏色的衣服，或是拿同樣的東西，

事先與大家分享活動的共同主題，請參加者做好相關準備，

活動就會變得十分熱鬧。

☐ 095 • 精心編製背景圖片

有些影音播放平台可以設定虛擬背景圖片。

可以設成嘉賓喜歡的背景圖，展現出他的個性。

也能邀請所有參加者都設置同一張背景，表現出一體感。

☐ 096 • 安排評估參加者專心度的人員

如果能請一個人負責觀察參加者的表情、聊天內容和社群媒體的留言，

評估參加者的專心程度，如此會更方便。

一旦發現他們注意力低落時，

就要改變話題，或是插入唸出留言內容的環節。

☐ 097 • 原則上「一人一畫面」

一台電腦雖然可以讓好幾個人參加活動，

但為了讓大家都能專注在畫面上的活動，

表演者和參加者還是要維持「一人一畫面」的原則。

『EQトレーニング』

▶ **高山 直**（日本經濟新聞出版社，2020）

書中完整寫出社群經理必備的

情緒處理技巧的概要和訓練方法，

也可以確認自己的情感技能。

『1分で話せ』

▶ **伊藤羊一**（SB Creative，2018）

本書以淺顯易懂的文筆，

寫出用邏輯表達腦中思想的方法，

除了簡報演講以外，在主持活動和說服夥伴時也非常實用。

『WE ARE LONELY, BUT NOT ALONE.』

▶ **佐渡島庸平**（幻冬舍，2018）

收錄了在CORK LAB公司裡

挑戰為創意人和社群建立關係的佐渡島庸平，

對於社群和表達的名言錦句。

『組織にいながら、自由に働く』

▶ **仲山進也**（日本能率協會管理中心，2018）

建立樂天市場店長社群的樂天大學校長仲山進也，

在書中談論了未來的工作風貌，

許多篇章都與複業（parallel work）和社群建構的概念相通。

推薦社群經理的閱讀清單

＊閱讀順序為由左至右

《社區設計的時代》

▶ **山崎 亮**（莊雅琇譯，臉譜出版社，2018）

提倡社區設計的山崎亮，鉅細靡遺地談論現代社會需要社區的理由。

推薦想將建構地區社群的思維應用於商業領域的人閱讀。

《最強表達高手的攻心簡報術》

▶ **澤圓**（李韻柔譯，先覺出版社，2018）

口語表達專家澤圓在書中彙整了簡報的六大重點法則，

包含「如何表達」、「如何吸引人」、「如何引發回應」等等。

《重塑組織》

▶ **弗雷德里克·萊盧**（王少玲、陳穎堅、薛陽譯，水月管理顧問，2019）

書中將社群思維中的組織建構概念，結合了重塑組織的概念。

推薦給想將社群思維應用在團隊開發和組織管理的人閱讀。

The Art of Gathering

▶ **Priya Parker**（Riverhead Books，2018）

該如何營造出一個更能精準集結人群、孕育熱情的場面呢？

書中談論了許多營造場面的基本思維和實例。

『ファンベース』

▶ **佐藤尚之**（筑摩書房，2018）

書中詳細說明了粉絲團的思維到建構方法，

適合商業社群負責人和行銷人員閱讀。

『たった1分で仕事も人生も変える 自己紹介2.0』

▶ **横石 崇**（KADOKAWA，2019）

建立社群的第一步就是自我介紹。

將自己的核心價值和願景以言語表達出來，才容易與夥伴產生共鳴。

書中簡單扼要地整理了自我介紹的方法。

『誰も教えてくれないイベントの教科書』

▶ テリー植田（書之雜誌社，2019）

書中整理了東京CULTURE CULTURE的活動製作人テリー植田，

從活動企劃到實行的所有技巧，

適合想要舉辦走在潮流尖端活動的人閱讀。

『ハウ・トゥ・アート・シンキング』

▶ **若宮和男**（實業之日本社，2019）

提倡核心價值的創業家、uni'que的法人代表若宮和男，

在書中彙整了「藝術思維」的思考方法，

以淺顯易懂的用詞解釋藝術的概念，傳授注重個性的思想基礎。

『ビジネスも人生もグロースさせる コミュニティマーケティング』

▶ **小島英揮**（日本實業出版社，2019）

成立AWS（Amazon Web Services）

用戶社群「AWS-UG」的複業行銷專員小島英揮的著作。

作者根據自己的親身經驗，寫下成功經營商業社群的祕訣。

社群經理的技能培訓班

＊皆為日文資訊

「社群教室」（greenz）

▶ **https://school.greenz.jp/class/communityclass/**

想經營難以掌控的社群，那就要與活躍於社群中的實踐者共同學習、

探究社群的本質。這是專為社群相關人士開設的培訓班。

「BUFF社群經理學校」（qutori）

▶ **https://buff-community.jp/**

本校提供認證方案，以培育出正式的社群經理。

設立宗旨是在各個領域的社群培養出能為社會增添更多樂趣的人才。

Peatix也是本校的合夥人。

感謝閱讀

●作者簡介

河原梓

Potage社群加速器導師。曾任職富士通，2008年開始擔任@nifty公司營運的展演型餐廳「東京CULTURE CULTURE」的活動企劃。每年經手超過200場的活動。2013～2016年外派舊金山，回國後為伊藤園、KOKUYO、歐姆龍健康事業、三得利飲料、東急等多家企業策劃和建構商業社群。2020年春天獨立創業，成立行會制團隊「Potage」，以社群加速器導師的身分從事活動企劃、企業溝通設計等工作。

藤田祐司

Peatix Japan股份有限公司共同創辦人、董事、CMO。慶應義塾大學畢業後，曾在Intelligence（現為PERSOL CAREER）公司擔任業務，2003年進入亞馬遜日本（現為亞馬遜日本合同會社），以當時最年輕的經理身分統籌亞馬遜市場業務，後來創立了Peatix的前身Orinoco，統籌日本國內的社群經理團隊後，兼任業務和行銷統籌。2019年就任為CMO，負責統籌包含國際業務在內的Peatix所有社群經營、商務發展和市場行銷。

商業社群建構教科書

出　　版／楓葉社文化事業有限公司
地　　址／新北市板橋區信義路163巷3號10樓
郵政劃撥／19907596　楓書坊文化出版社
網　　址／www.maplebook.com.tw
電　　話／02-2957-6096
傳　　真／02-2957-6435
作　　者／藤田祐司、河原梓
翻　　譯／陳聖怡
責任編輯／江婉瑄
內文排版／楊亞容
校　　對／邱鈺萱
港澳經銷／泛華發行代理有限公司
定　　價／380元
初版日期／2022年1月

國家圖書館出版品預行編目資料

商業社群建構教科書 / 藤田祐司, 河原梓作 ; 陳聖怡翻譯. -- 初版. -- 新北市 : 楓葉社文化事業有限公司, 2022.01　面；　公分

ISBN 978-986-370-367-9（平裝）

1. 網路行銷 2. 網路社群

496　　110018649